山地丘陵风景林1

U0812952

山地丘陵风景林2

田园林

水岸林

公园风景游憩林

道路林

社区林

乡村人居林

ZHU-SANJIAO DIANXING CHENGSHI
SENLIN JINGGUAN GOUJIAN JISHU YANJIU

珠三角典型城市
森林景观构建技术研究

赵庆　钱万惠　唐洪辉◎主编

SPM 南方传媒
广东科技出版社
全国优秀出版社
·广州·

图书在版编目（CIP）数据

珠三角典型城市森林景观构建技术研究 / 赵庆，钱万惠，唐洪辉主编. —广州：广东科技出版社，2023.8
ISBN 978-7-5359-7982-7

Ⅰ. ①珠… Ⅱ. ①赵…②钱…③唐… Ⅲ. ①珠江三角洲—城市景观—森林景观—研究 Ⅳ. ①TU-856

中国版本图书馆CIP数据核字（2022）第195083号

珠三角典型城市森林景观构建技术研究
Zhu-Sanjiao Dianxing Chengshi Senlin Jingguan Goujian Jishu Yanjiu

---

出 版 人：严奉强
责任编辑：区燕宜　于　焦　谢绮彤
封面设计：柳国雄
责任校对：李云柯
责任印制：彭海波
出版发行：广东科技出版社
（广州市环市东路水荫路11号　邮政编码：510075）
销售热线：020-37607413
https://www.gdstp.com.cn
E-mail：gdkjbw@nfcb.com.cn
经　　销：广东新华发行集团股份有限公司
排　　版：创溢文化
印　　刷：广州彩源印刷有限公司
（广州市黄埔区百合三路8号201房　邮政编码：510700）
规　　格：787 mm×1 092 mm　1/16　印张9　插页4　字数200千
版　　次：2023年8月第1版
2023年8月第1次印刷
定　　价：88.00元

如发现因印装质量问题影响阅读，请与广东科技出版社印制室联系调换（电话：020-37607272）。

《珠三角典型城市森林景观构建技术研究》

编委会

主　编：赵　庆　钱万惠　唐洪辉

副主编：章　驰　张凌宇　宋　磊

编　委：（按姓氏笔画排列）

许东先　李毓琦　杨　清　吴晓君

陈星澄　罗　皓　胡柔璇　胡熙滢

夏丹丹　郭达军　谢进金　魏玉晗

前　　言

在珠三角，面向整个城镇的森林建设，是一项区别于林业造林和园林植物造景的多效益民生环境工程。习近平总书记提出“绿水青山就是金山银山”的发展理念，推进城镇化发展，描绘了中国未来的发展蓝图。国家明确大力支持各地森林城市的创建，在这种形势下，广东提出的森林城市群–森林城市–森林县城–森林小镇–森林乡村五级联动建设理念，是落实习近平生态文明思想的重要举措。

由于历史原因，城市近郊森林过去以生产木材作为主要目标，生态功能强、景观游憩效益高、能最大限度满足人们感官和游憩需求的森林为数不多。随着珠三角经济的高速发展和人们对生态环境需求的增加，各级政府针对城市近郊森林陆续开展了以提升森林生态景观为目标的森林景观改造，并取得了较好的成效。以广州、珠海、佛山为例，近10年来这些城市已经全面开展以乡土阔叶树种搭配观赏性较高的木本花卉为主的森林景观改造工作，改造后的森林景观质量有了明显的提升。

森林景观构建并非简单的“造林绿化”，而是构建景观优美、功能突出、文化独特的森林生态系统。目前，国内外的相关研究虽然也涉及生态方面的一些内容，但研究大多仅针对城市建成区及乡村的生态或景观效益的某一方面，缺少景观、生态、体验和文化方面的综合研究。为此，本书选择珠三角的典型城市森林，针对自然环境特点、历史文化特色、经济社会发展模式，研究城市森林的地域特色和森林景观的自然特征与文化承载功能，结合当地的城镇化发展趋势和城市森林建设项目，进行森林景观的总体规划、工程设计、建设、管理、评价等技术综合集成，开展有针对性的城市森林景观构建技术研究，为完善城镇化过程中森林综合服务功能和建设森林城市提供技术支撑。

目　录

第一章

珠三角城镇森林基调树种研究

一、研究地点和方法

珠三角位于广东省中南部，总面积为55 368.7 km^2，是中国南亚热带最大的冲积平原。珠三角属亚热带海洋季风气候，植被为热带季风雨林植被。

本研究采用典型样方调查的方法，根据城镇森林的不同类型，选择具有代表性的研究区域，设置20 m × 20 m的样方或400 m^{2}的带状样地，共497个。本研究针对每个样方或样地进行每木调查，包括树高、胸径、冠幅、数量等信息，样地设置情况见表1–1。

表1–1　珠三角城镇森林基调景观特征分析调查样地设置情况

城镇森林类型	说明	具体地点	样方数/个
山地丘陵风景林	在原有山地桉树林、松树林、杉木疏残林，以及速生相思林的基础上，进行林相改造，使其逐渐演变为常绿阔叶林	金鼎北山大靓头、蛇地坑水库、白沙岭、柠檬坑水库、吉大水库、佛山云勇生态林养护中心	36
公园风景游憩林	主要包括城市建成区内各种公园、广场绿地的森林	流花湖公园、荔湾湖公园、二沙岛、长湴公园、花城广场、海滨公园、中心公园	45
道路林	主要为城镇交通干道两侧的森林	广州大道、广园快速路、广汕公路、临江大道、深南大道、滨海大道、情侣路、金凤路	39
田园林	主要为由农田防护林、江河护岸林构成的农田林网	珠海斗门区的斗门镇、莲洲镇，广州的南沙区、从化区、增城区，佛山的南海区、顺德区	22
水岸（滨海）林	生长于海岸潮间带上部，受周期性潮水浸淹，以红树植物为主体，由常绿灌木或乔木组成的潮滩湿地木本生物群落	南沙湿地、深圳湾海滨生态公园、珠海淇澳红树林保护区	15
社区林	专为城镇社区居民提供景观游憩功能的森林	番禺雅居乐、禾丰新村、仁恒星园、华发世纪城、海霞新村	16
乡村人居林	乡村庭院、道路、水岸，以及公共空间范围内的森林	莲塘村、观澜版画村、会同村、大赤坎村	22
绿道林	主要为绿道控制范围内的森林	珠三角省立绿道1～6号线	302

本研究采用重要值分析的方法确定各类型城镇森林的基调树种，并分析不同

类型城镇森林景观特征，相关计算公式如下。

$$F=\frac{n}{N} \quad (1\text{–}1)$$

$$RF=\frac{\sum_{l=1}^{n}F_{il}}{\sum_{l=1}^{n}FF_{l}} \quad (1\text{–}2)$$

$$D=\frac{M_i}{S_0} \quad (1\text{–}3)$$

$$RD=\frac{\sum_{i=1}^{n}D_{il}}{\sum_{l=1}^{n}DD_{l}} \quad (1\text{–}4)$$

$$C=\frac{S_i}{S_0} \quad (1\text{–}5)$$

$$RC=\frac{\sum_{l=1}^{n}C_{il}}{\sum_{l=1}^{n}CC_{l}} \quad (1\text{–}6)$$

$$AC_i=RC_i\ /\ RD_i \quad (1\text{–}7)$$

$$IV_i \neq RF_i+RD_i+RC_i \quad (1\text{–}8)$$

式中：n为某一树种出现的样点总数；N为被调查的样点总数；M_i为某树种总株数；S_i为某树种覆盖面积；S_0为样点区总面积；i对应每一树种；l对应每一被调查样点；F、D、C分别为频度、密度和覆盖度；RF、RD、RC分别为相对频度、相对密度和相对覆盖度；AC为株均覆盖面积；IV（Important Value）为树种重要值（因不同的研究适用的计算方法和公式不同，该数据在本书中有小数与百分数2种形式）。

$\sum_{l=1}^{n}F_{il}$、$\sum_{i=1}^{n}D_{il}$、$\sum_{l=1}^{n}C_{il}$ 分别为$l=n$个取样单位内，i 树种的频度和、密度

和、覆盖度和；$\sum_{l=1}^{n} FF_l$ 、$\sum_{l=1}^{n} DD_l$ 、$\sum_{l=1}^{n} CC_l$ 分别为$l = n$个取样单位内，所有统计树种的频度和、密度和、覆盖度和。

二、结果与分析

（一）山地丘陵风景林

1. 松树林

珠三角以松树为优势种的典型林分面积达200 858.4 hm^2，占珠三角生态公益林面积的20.1%，其主要树种为湿地松和马尾松，遍布珠三角各个县、市的山地。

2. 桉树林

桉树典型林分面积达33 561 hm^2，其主要树种为尾叶桉、窿缘桉，有少量柠檬桉，主要分布在低山丘陵地带。

3. 相思林

速生相思类典型林分面积达28 158.7 hm^2，主要树种为马占相思、大叶相思、台湾相思，主要分布在珠海（5 271.4 hm^2）、深圳（4 961.6 hm^2）、广州（4 574.1 hm^2）、东莞（4 183.2 hm^2）、江门（3 559.5 hm^2），约占速生相思总面积的80%。

4. 生态风景林

从20世纪90年代中期开始，珠三角的林业部门开始尝试选用景观效果较好的阔叶树种来替代原先的速生绿化树种。由于采用人工模拟自然的方法进行森林林分的改造，因此选用的阔叶树种类较多，据统计，所选树种达到150多种，经过10～15年的自然演替，部分不适合在珠三角山地环境中生长的树种逐步被自然淘汰。生态风景林主要分布在交通干道（高速公路、国道、铁路）、主要河流两侧（岸）第一重山或1 km可视范围内。重要值分析表明，经过人工改造的城镇山地丘陵风景林重要值排名靠前的树种为黧蒴锥、樟树、木荷、米老排、海南红豆、红花荷、枫香树、山杜英、醉香含笑、红锥。

5. 天然次生生态风景林

20世纪50年代之前甚至更早，珠三角除村前屋后的风水林得到有效的保护外，天然林基本已遭到严重破坏。从20世纪70年代起，珠三角除进行人工造林加快森林植被恢复外，还对山谷、山窝等立地条件较好的林地加强了封育管护，形成了以地带性植被为主的天然次生林，此类林分面积不大，但其森林结构较稳定，地带性植物较多，是人工模拟自然恢复地带性森林景观的典范。天然次生生态风景林主要分布于江河、水库、山塘汇水区的山谷、山窝，以及保护较早的自然保护区、风景区或村前屋后。样方调查的结果表明：珠三角天然次生生态风景林的植被组成非常丰富，江河、水库、山塘汇水区的山谷、山窝主要的树种有鹅掌柴、中华润楠、潺槁木姜子、山苍子、假苹婆、降真香、黄毛榕、山乌桕、短序润楠、二色波罗蜜、亮叶猴耳环、黧蒴锥、铁冬青、华南毛柃、岭南山竹子等中小乔木。在一些自然保护区、风景区等典型样方中，还有枫香树、红花荷、黄桐、樟树、锥栗、木荷等高大乔木。

（二）公园风景游憩林

公园风景游憩林主要分布于城区公园，由乔木、灌木及草本植物配置而成，为具备较高观赏价值的树丛、树群组合的森林类型。珠三角的公园风景游憩林主要为常绿（半常绿）阔叶林，其中以观花乔木及棕榈类乔木使用量较大。项目组实地调查了广州、深圳、珠海等地典型的城市公园、广场绿地，设置了45个样方来分析和确定公园风景游憩林重要值排名靠前的树种。根据调查汇总数据，可判断公园风景游憩林基调树种主要有大王椰、宫粉羊蹄甲、高山榕、红花羊蹄甲、鸡蛋花、美丽异木棉、木棉、细叶榕。

（三）道路林

道路林主要是城镇道路两侧红线控制范围内由乔木、灌木及草本植物配置而成的森林，主要分布在城镇交通快速路、主干道、次干道中央绿化带，以及道路两侧的绿地范围内。珠三角的道路林主要为常绿（半常绿）阔叶林，其中观花乔木使用量较大。本课题组选取广州、深圳、珠海3个典型城市中具有代表性的交通干道进行调查，设置39个样地来分析研究道路沿线两侧，以及道路中间绿化带重要值排名靠前的树种。根据调查汇总数据，可判断道路林基调树种主要有大叶紫薇、红花羊蹄甲、杧果、美丽异木棉、木棉、小叶榄仁、细叶榕、椰子。

（四）田园林

珠三角水网发达，纵横交错，传统农业以种养水稻、水果、鱼类、家畜为主，台风、寒露风对农业的影响非常大，为抵御和减少自然灾害给作物带来的影响，在农田、江河、村庄周围种植了大量用于减轻自然灾害的乔木。随着社会、经济的发展，过去以粮食作物为主的田园林景观已经演变为以各类果树为主的新田园林景观。这种现象的产生主要是因为珠三角的农田规模较小，不适宜进行机械化的耕作，种植粮食作物的经济效益较低，农民不愿意再耕种粮食作物，而改种经济效益较好的果树林。本课题组针对目前的情况进行实地走访，调查了珠海斗门、广州增城和从化、佛山南海等地的田园林后发现，珠三角田园林的组成树种和林分结构极为单一，通过设置22个样方进行重要值分析，可以判断田园林基调景观主要是以荔枝、龙眼、黄皮、香蕉等为代表构成的果树经济林，以及以落羽杉、池杉、水松等为代表构成的农田林网。

（五）水岸（滨海）林

珠三角濒临南海，拥有长达1 059 km的海岸线，水岸林景观也是珠三角城镇森林的基调景观之一。在这漫长的海岸线上，红树林形成特有的常绿灌木和小乔木群落，它生长于陆地与海洋交界带的滩涂浅滩，是陆地向海洋过渡的特殊生态系，其突出特征是根系发达、能在海水中生长。根据珠三角城镇地区水岸林的分布现状，主编团队对广州、深圳、珠海3个珠三角典型城市的典型滨海森林进行了调查，沿海岸线设置15个样地，研究分析水岸森林的基调树种。根据调查汇总数据，可判断滨海水岸基调景观主要是以无瓣海桑、海桑、海杧果、银叶树、杨叶肖槿等为代表构成的红树林。

（六）社区林

社区林特指由城市街道或自然界线所包围的相对独立的居住用地范围内的森林。本课题组选取了广州、珠海两地中具有代表性的社区进行了调查，设置16个样方，分析、研究社区小游园及组团绿地中优势度较高的树种。根据调查汇总数据，可判断社区林基调树种主要是高山榕、凤凰木、红花羊蹄甲、大叶紫薇、鸡蛋花、秋枫、小叶榄仁、樟树、银海枣。

（七）乡村人居林

乡村人居林主要为与乡村生活相关的森林，主要有4种类型：水口林、庭院林、下垫林及龙座林。本课题组选取了广州、深圳、珠海三地中具有代表性的村落进行调查，设置了22个样方，分析、研究村落内部及周边优势度较高的树种。

1. 水口林

珠三角农业聚落（农业聚落为乡村聚落的一种形态）外部空间，无论在山地丘陵还是在平原泽国，皆以水口作为村落门户。所谓“水口”，即环境水的入口处与出口处，“凡水来处谓之天门，若来不见源流谓之天门开，水去处谓之地户，不见水去谓之地户闭。夫水本主财，门开则财来，户闭财用不竭”（《入山眼图说》）。所以，水来处要开敞，水去处宜封闭，这样才能留住财源。水口林，位于村落的水口处，常常是三向环山、一向朝水口。珠三角水口林有着鲜明的地方特色。水口林空间常呈现“前塘后村”“村口植树”布局。水口林少则以几株大树围合而成，多则由一片树林构成，面积几百平方米至上万平方米。另外，水口处往往建有楼、阁、塔、庙、桥、亭、堤、塘等，以增加对村落的镇锁气势。水口也在文化观念上形成了封闭的空间，有利于保存祖先的事物与人文教化。水口林对村落防卫和边界、个体精神生活的调适、社会生产实用功能、村落公共生活与交流的人文空间、村落生态环境的保护都起到重要作用。水口林多为保存完好的高大乔木、古树，抗风、抗逆性好，稳定性佳，树冠广阔浓密。水口林常见树种有细叶榕、菩提榕、凤凰木、木棉、荔枝、龙眼等。

2. 庭院林

庭院林主要种植在庭院周围和庭院内，用来美化和改善居住环境。珠三角庭院林栽植的树种也经历过一些变化。从前，珠三角村落内的公共空间常常栽有大树，且村边有森林，人们不需要在宅基地上刻意栽植植物；后来，一些有条件的地方宅基地面积有所扩大，人们便根据自己的喜好，或栽植果树，或栽植观花、观形的小乔木，常见树种一般有罗汉松、鸡蛋花、簕杜鹃、木瓜、石榴、番荔枝等；再后来，一些经济较发达地区的宅基地面积又有所减少，同时人们的欣赏水平有所提高，芳香观形小乔木、盆栽等受到人们的追捧，如九里香。

3. 下垫林

下垫林主要种植于村落前面的河边、湖畔。即使有龙座林也是不够的，还需要有下垫林种在河边或湖边，以免头重脚轻。下垫林一般沿村前池塘呈块状分布或沿河道呈带状发展。下垫林可防止水土流失，对保护村落景观的完整性具有重要作用。但由于珠三角城镇化率高，许多下垫林已受到一定破坏。

4. 龙座林

龙座林一般面积较大，分布在山脚、山腰的村落中或村落后山，成为村落后方的绿带屏障。由于居民相信龙座林会为村落带来好运，因此他们都会着重保护龙座林，更会栽种具有不同实用价值的树木，主要为荔枝、樟树、黧蒴锥等。

（八）绿道林

都市型绿道：主要集中在城镇建成区内，依托人文景区、公园广场，以及城镇道路两侧的绿地等而建立，控制范围宽度一般不小于20 m。

郊野型绿道：主要依托城镇建成区周边的开敞绿地、水体、海岸和田野，依托登山道、栈道、慢行休闲道等而建立，控制范围宽度一般不小于100 m。

生态型绿道：主要沿城镇外围的自然河流、小溪、海岸及山脊线建立，控制范围宽度一般不小于200 m。

将每条绿道的起点作为第一个样方，借助手持全球定位系统（Global Positioning System，GPS），沿绿道行进，每5 km设置1个400 m^2的标准样方，共计302个样方，其中都市型绿道99个，郊野型绿道122个，生态型绿道81个。为使数据更全面和完整，在调查过程中在所有经过的驿站处增加相同标准样方。

分析3种不同绿道类型，都市型绿道重要值排名前10位的是景观功能较好的乔木，生态型绿道则充分利用尾叶桉、龙眼、荔枝等原有树种，重要值排名前10位的乔木中，有5种属经济型，郊野型绿道介于两者之间（表1-2）。

表1-2　珠三角不同绿道类型基调树种

绿道类型	树种	绿道类型	树种	绿道类型	树种
都市型	细叶榕（*Ficus microcarpa*）	郊野型	细叶榕（*Ficus microcarpa*）	生态型	细叶榕（*Ficus microcarpa*）
	南洋楹（*Falcataria falcata*）		尾叶桉（*Eucalyptus urophylla*）		龙眼（*Dimocarpus longan*）
	木棉（*Bombax ceiba*）		垂叶榕（*Ficus benjamina*）		荔枝（*Litchi chinensis*）
	非洲桃花心木（*Khaya senegalensis*）		樟树（*Camphora officinarum*）		大叶紫薇（*Lagerstroemia speciosa*）
	盆架子（*Alstonia scholaris*）		大叶紫薇（*Lagerstroemia speciosa*）		尾叶桉（*Eucalyptus urophylla*）
	澳洲鸭脚木（*Schefflera macrostachya*）		非洲桃花心木（*Khaya senegalensis*）		香蕉（*Musa acuminata*）
	大叶紫薇（*Lagerstroemia speciosa*）		落羽杉（*Taxodium distichum*）		美丽异木棉（*Ceiba speciosa*）
	垂叶榕（*Ficus benjamina*）		盆架子（*Alstonia scholaris*）		尖叶杜英（*Elaeocarpus rugosus*）
	红花羊蹄甲（*Bauhinia blakeana*）		杧果（*Mangifera indica*）		黄皮（*Clausena lansium*）
	鸡蛋花（*Plumeria rubra*）		木棉（*Bombax ceiba*）		杧果（*Mangifera indica*）

第二章

珠三角城镇人工林景观特征

乔木是城镇人工林的主体，乔木的景观特征决定了城镇人工林的景观特征。本研究从城镇人工林出发，以阔叶林景观为主，针对不同类型城镇人工林中乔木的视觉景观特征，将城镇人工林中的乔木景观划分为观花果类、观树形类和观色叶类。

一、研究地点和方法

抽样选取广州和珠海两地具有代表性的4种不同类型的城镇人工森林景观样方122个，每个样方面积400 m^2，其中道路林39个、公园风景游憩林45个、社区林16个、乡村人居林22个，分别调查、记录样方内乔木种类、灌木种类、观赏类型和地被种类。借助统计产品与服务解决方案软件（Statistical Product Service Solutions，SPSS 20.0）对每种城镇人工林的各个标准样方调查结果进行相关数据处理。

二、结果与分析

（一）空间结构分析

城镇人工林的空间结构直接反映城镇森林在空间上给人的感受。为明确珠三角城镇人工林整体空间结构特征，本课题组调查、统计不同空间结构出现的频次，并计算不同空间结构在各城镇人工林类型中的比例（表2-1），通过方差分析得出珠三角城镇人工林空间结构中“乔+灌+地被”复合结构出现比例最高，同时显著高于“乔+地被”结构（表2-2），结果表明，珠三角城镇人工林以“乔+灌+地被”复层结构为主，植物配置突出层次，强调模拟自然的群落结构。

表2-1　城镇人工林空间结构统计（频次/比例）

城镇人工林类型	空间结构			
	乔木	乔+灌+地被	乔+灌	乔+地被
道路林	16/0.421	15/0.395	3/0.079	4/0.105
公园风景游憩林	6/0.133	30/0.667	8/0.178	1/0.022
社区林	2/0.125	9/0.563	3/0.187	2/0.125
乡村人居林	17/0.773	4/0.182	1/0.045	0/0.000

表2-2　城镇人工林空间结构方差分析（Duncan法）

空间结构	空间结构分组	
	1	2
乔+地被	0.063	—
乔+灌	0.123	0.123
乔木	0.363	0.363
乔+灌+地被	—	0.452
Sig.	0.100	0.075

为探索不同城镇人工林的空间结构特征，须对表2-1的频次数据进行卡方检验。

卡方检验数值结果如表2-3所示。

表2-3　不同类型城镇人工林空间结构两两卡方检验结果

城镇人工林类型	卡方检验	
	卡方值	方差显著性
道路林-公园风景游憩林	12.779	0.003
道路林-社区林	5.251	0.136
道路林-乡村人居林	7.072	0.058
公园风景游憩林-社区林	2.755	0.460
公园风景游憩林-乡村人居林	25.722	0.000
社区林-乡村人居林	16.220	0.000

（1）道路林与社区林（*Sig.*=0.136>0.05），以及与乡村人居林（*Sig.*=0.058>0.05）的空间结构无显著差异，但与公园风景游憩林有极显著差异（*Sig.*=0.003<0.01）。其差异由图2-1可知，公园风景游憩林中“乔+灌+地被”复合空间结构所占比例（66.7%）显著高于道路林（39.5%），而道路林中乔木空间结构所占比例（42.1%）显著高于公园风景游憩林（13.3%）。

（2）公园风景游憩林和社区林的空间结构无显著差异（*Sig.*=0.460>0.05），而与乡村人居林有极显著差异（*Sig.*=0.000<0.01）。其差异由图2-1可知，公园风景游憩林中“乔+灌+地被”复合空间结构所占比例（66.7%）

显著高于乡村人居林（18.2%），而乡村人居林中单一乔木空间结构所占比例（77.3%）显著高于公园风景游憩林（13.3%）。

（3）社区林的空间结构与乡村人居林的空间结构有极显著差异（*Sig.*=0.000＜0.01）。其差异由图2–1可知，社区林中“乔+灌+地被”复合空间结构所占比例（56.3%）显著高于乡村人居林（18.2%），而乡村人居林中单一乔木空间结构所占比例（77.3%）显著高于社区林（12.5%）。

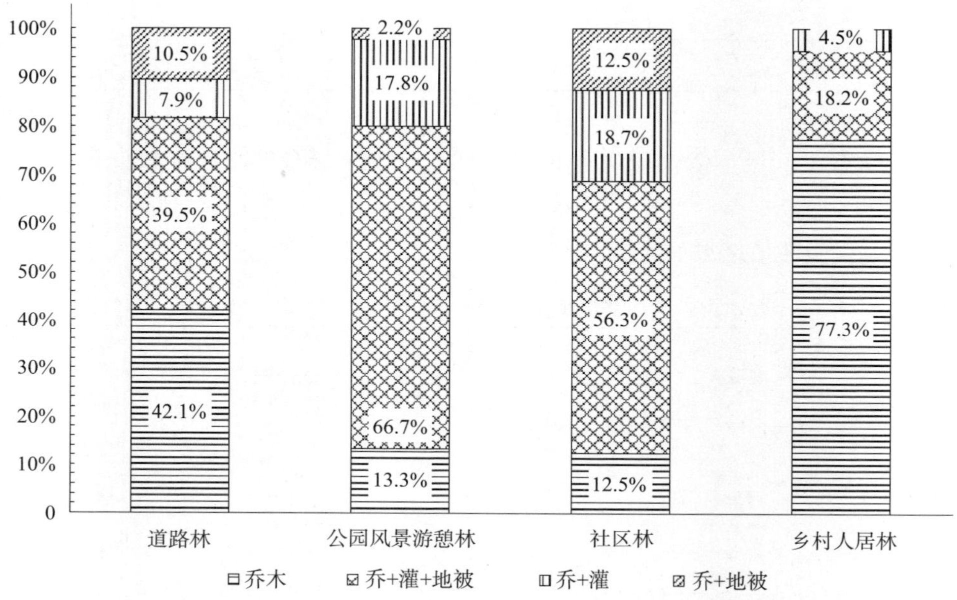

图2–1　不同类型城镇人工林空间结构所占比例

（二）景观特征分析

乔木是城镇人工林的主体，乔木的景观特征决定了城镇人工林的景观特征。因此，对不同类型城镇人工林的乔木景观特征作深入的剖析和比较很有必要。通过统计不同乔木景观特征出现的频次，计算不同空间结构在各城镇人工林类型中的比例（表2–4），进行方差分析，得出珠三角城镇人工林中观花果类乔木和观树形类乔木出现比例显著高于观色叶类乔木（表2–5），结果表明，珠三角地区城镇人工林以观花果类乔木和观树形类乔木为主，观色叶类乔木出现比例显著低于前两者。

表2-4 城镇人工林不同乔木景观特征统计(频次/比例)

城镇人工林类型	景观特征		
	观花果类	观树形类	观色叶类
道路林	28/0.452	32/0.516	2/0.032
公园风景游憩林	35/0.354	43/0.434	21/0.212
社区林	11/0.379	15/0.517	3/0.104
乡村人居林	17/0.447	18/0.474	3/0.079

表2-5 城镇人工林景观特征方差分析(Duncan法)

景观特征	景观特征分组	
	1	2
观色叶类	0.107	—
观花果类	—	0.408
观树形类	—	0.485
Sig.	0.100	0.169

为探索不同城镇人工林的景观特征,须对表2-4的频次数据进行卡方检验。卡方检验数值结果如表2-6所示。

表2-6 不同类型城镇人工林景观特征两两卡方检验结果

城镇人工林类型	卡方检验	
	卡方值	*Sig.*
道路林-公园风景游憩林	10.118	0.006
道路林-社区林	2.072	0.401
道路林-乡村人居林	1.190	0.581
公园风景游憩林-社区林	1.794	0.408
公园风景游憩林-乡村人居林	3.512	0.173
社区林-乡村人居林	0.465	0.820

(1)道路林与公园风景游憩林(*Sig.*=0.006<0.01)的景观特征呈极显著差异,但与社区林(*Sig.*=0.401>0.05)和乡村人居林(*Sig.*=0.581>0.05)无显

著差异。其差异由图2-2可知，公园风景游憩林中观色叶类森林景观所占比例（21.2%）显著高于道路林（3.2%）。

（2）由表2-6可知，公园风景游憩林、社区林和乡村人居林之间的乔木景观特征均无显著差异（*Sig.*＞0.05）。结果表明这三种城镇人工林中观花果类乔木景观、观树形类乔木景观，以及观色叶类乔木景观出现比例没有显著差异。

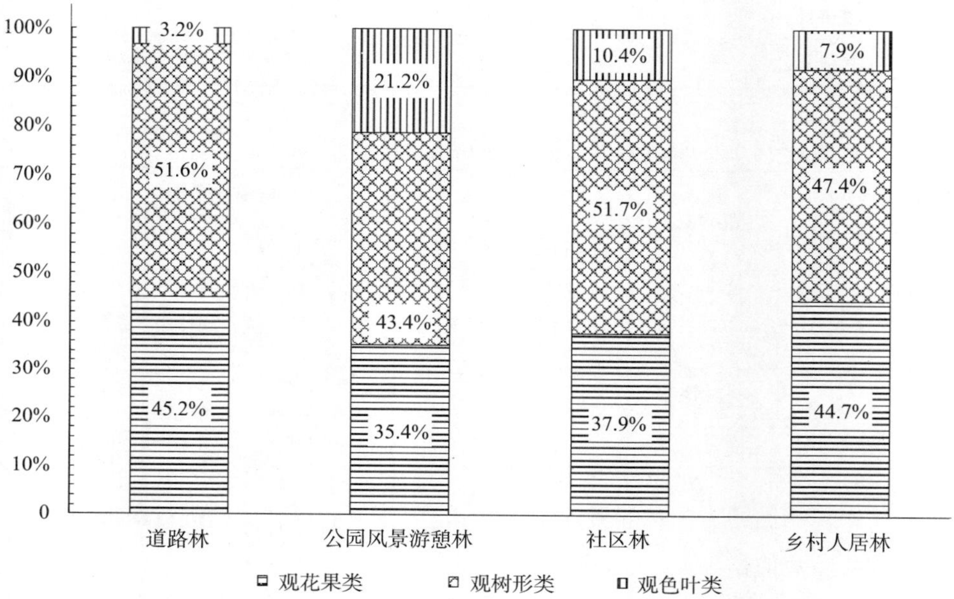

图2-2　不同类型城镇人工林景观特征所占比例

三、城镇人工林景观提升指引

（一）空间结构须符合城镇人工林类型特征

公园风景游憩林中“乔+灌+地被”复合空间结构所占比例（66.7%）和社区林中“乔+灌+地被”复合空间结构所占比例（56.3%）较高，道路林中单一乔木空间结构所占比例（42.1%）和乡村人居林中单一乔木空间结构所占比例（77.3%）也较高。这是因为公园风景游憩林和社区林大多为城市公园和社区小游园中的面状森林，为突出景观层次，建议公园风景游憩林和社区林景观以模拟自然的“乔+灌+地被”复合空间结构为主；而道路林是一种线性景观，在城镇人工林中多数以行道树的形式出现，考虑复杂的森林空间结构会影响行车安全，并且难以维护；乡村人居林以风水林为主，风水林中树种以阳桃、橄榄、荔枝、龙眼等果树或樟树、细叶榕等古树为主，一般较少种植灌木和地被。因此，建议道路林和乡村人居林景观以单一乔木空间结构为主。

（二）根据养护管理条件确定空间结构

在珠三角城镇人工林空间结构中“乔+灌+地被”复合结构出现的比例最高，显著高于“乔+地被”结构，结果表明，珠三角城镇人工林以“乔+灌+地被”复合结构为主，植物配置突出层次，强调模拟自然的群落结构。城镇人工林空间结构的选择，应根据不同类型城镇人工林，以及所处城镇具体区位来综合考虑。因此，公园风景游憩林、社区林，以及道路林需进行精细养护管理，可以加强“乔+灌+草”的复层植物空间结构。而乡村人居林，因其远离城市，养护管理水平较低，应多采用单层乔木结构，或配以粗生型的草本地被植物。

（三）引入色叶树种增强冬季景观效果

珠三角城镇人工林中观花果类乔木和观树形类乔木出现的比例显著高于观色叶类乔木。由于珠三角处于南亚热带，年均气温较北亚热带和温带地区高，观花果类乔木和观树形类乔木种类，特别是棕榈类乔木比前两者多，而需要经历低温才能呈现效果的观色叶类乔木较少。因此，可在建筑北面、山坡阴面等局部低温微环境条件下种植如枫香树、木蜡树、山乌桕、莫氏榄仁等树种，以求达到更好的色叶效果。

第三章

珠三角城市近郊保健林构建技术研究

本研究针对不同类型森林保健功能差异评价问题，提出森林景观保健功能差异分析方法，为今后森林保健和森林康养的建设规划与管理提供科学的理论依据。

一、研究地点

广东云勇国家森林公园位于广东省佛山市高明区，地处北纬22°45′21″～22°46′43″，东经112°37′46″～112°39′34″，总面积为2 007.8 hm^2，是全国首批17家“中国森林体验基地”之一。高明区南亚热带季风气候明显，雨热同季，干湿分明，日照偏少，年均气温为22.6 ℃，年均降水量为1 800 mm。该区属丘陵地带，沟谷幽深，溪涧众多，地形复杂多变，土壤中大部分为花岗岩风化的赤红壤，有机质含量较丰富。区内植被种类多，以乡土阔叶树为主，主要包括湿地松、木荷、樟树、灰木莲、尾叶桉、杉木、阴香、黧蒴锥等。

本研究选择了阴香林、灰木莲林、湿地松林、黧蒴锥林、桉树林、阔叶混交林这6种在珠三角城市近郊森林景观建设中常用的林分类型作为研究样本，并在每种林分中设置相应的样地进行森林保健功能差异分析研究。所有样地均选自佛山市高明区的广东云勇国家森林公园。6个样地的面积均为1.5～2.0 hm^2，郁闭度为0.7～0.9，具体如下。①阴香林：面积为1.5 hm^2，乔木层95%以上为阴香，林内伴有少量的木荷、醉香含笑，郁闭度为0.9。②灰木莲林：面积为1.7 hm^2，乔木层95%以上为灰木莲，林内伴有少量的杉木、醉香含笑，郁闭度为0.9。③湿地松林：面积为2.0 hm^2，乔木层100%为湿地松，郁闭度为0.8。④黧蒴锥林：面积为1.8 hm^2，乔木层95%以上为黧蒴锥，林内伴有少量的木荷，郁闭度为0.9。⑤桉树林：面积为1.9 hm^2，乔木层100%为尾叶桉，郁闭度为0.7。⑥阔叶混交林：面积为1.9 hm^2，乔木层主要为细叶榕、米老排、大叶紫薇、火焰木、凤凰木等，郁闭度为0.9。

二、研究方法

将试验执行过程根据不同气温梯度分为3个时期。本研究旨在分析不同季节、不同林分的保健功能，因此将取样时间确定在人群活动密集的时段，即10:00－16:00。采样时间段的天气状况相似，都为多云天气。试验执行期间气温为23.9～29.7℃，相对湿度为71.0%～96.7%，风力＜1级。在试验日的10:00、12:00、14:00、15:00、16:00分别对6种林分的气象数据、空气离子、空气颗粒物3种指标进行采样，在所选森林群落所在山地的上、中、下坡位上各选取3个采样点，间距不小于100 m，采样高度为距离地面1.5 m处（风速采样高度为2.0 m）。对芬多精的测定采用动态顶空采集法，即将仪器悬挂在林内距地面1.5 m处，连续对林内空气采样6 h。

三、指标计算

（一）体感舒适度等级

利用气温、相对湿度和风速3种气象数据综合评价体感舒适度，气象数据的测定使用小型气象站Kestrel 4500。

$$S = 0.6 \times |T - 24| + 0.07 \times |HR - 70| + 0.5 \times |v - 2| \tag{3-1}$$

式（3-1）中：S为综合舒适度指数；T为气温（℃）；HR为相对湿度（%）；v为2.0 m高处风速（m/s）。

体感舒适度等级划分：$S \leqslant 4.55$为“很舒适”（very comfortable），$4.55 < S \leqslant 6.95$为“舒适”（comfortable），$6.95 < S \leqslant 9.00$为“不舒适”（uncomfortable），$S > 9.00$为“极不舒适”（very uncomfortable）。

（二）空气离子评价指数

采用KEC-900+空气离子测试器监测，对同一采样点的东、南、西、北4个方向进行测量，待仪器读数稳定后每个方向取5个具有代表性的波峰值，求得算术平均值，并用森林空气离子评价指数公式评价森林空气离子等。

$$P = n^- / (n^- + n^+) \tag{3-2}$$

$$FCI = (n^- / 1\,000) \times P \tag{3-3}$$

式中：FCI为森林空气离子评价指数；P为空气负离子系数；n^+为正离子质量浓度；n^-为负离子质量浓度。

森林空气离子评价指数标准：Ⅰ级（$FCI \geqslant 2.40$），Ⅱ级（$1.40 \leqslant FCI < 2.40$），Ⅲ级（$0.90 \leqslant FCI < 1.40$），Ⅳ级（$0.50 \leqslant FCI < 0.90$），Ⅴ级（$0.16 \leqslant FCI < 0.50$），Ⅵ级（$FCI < 0.16$）。当森林空气离子等级为Ⅵ级时，表明空气已受到一定程度的

污染，对健康不利；当森林空气离子等级为Ⅴ级时，表明此时的空气对人体既无多大危害，亦无多大益处，属于允许浓度范围；当森林空气离子等级为Ⅳ级及以上时，表明空气对人体健康是有益的，属于保健浓度范围。

（三）环境空气颗粒物指标

根据《环境空气质量标准》（GB 3095—2012）对空气颗粒物一级浓度限值的规定，以及《环境空气质量手工监测技术规范》（HJ/T 194—2005）对间断采样技术标准的规定，选取了3种空气颗粒物指标（细颗粒物$PM_{2.5}$、可吸入颗粒物PM_{10}、总悬浮颗粒物TSP）并对其进行间断采样测定。空气颗粒物指标采用美国Met One Instruments-Aerocet 531进行检测。该仪器为粒子计数和质量检测二合一仪器。选择质量模式测试森林中$PM_{2.5}$、PM_{10}、TSP浓度，每次采样3组重复取平均值，每组重复至少间距5 m。

（四）芬多精指标

选用中国科学院华南植物园提供的有机挥发物吸附装置，林内空气经过取样器，取样器每分钟通过的空气体积一致，有机挥发物将被吸附在玻璃管吸附层，采样完毕后，将吸附管妥善密封保存并及时用气相色谱-质谱联用仪（GC-MS）分析，对照标准谱库，兼顾保留时间并参考已有的文献资料进行筛选及确认，结合峰面积归一化法计算不同森林中各类芬多精的相对含量。

四、林分保健功能差异研究

（一）体感舒适度分析

根据体感舒适度评价差异特征（图3-1）可知：阴香林的综合舒适度指数为1.64～2.67，体感舒适等级均为“很舒适”；灰木莲林的综合舒适度指数为1.25～3.12，体感舒适等级均为“很舒适”；湿地松林的综合舒适度指数为3.71～4.73，10:00的体感舒适等级为“舒适”，其余4个时间点的体感舒适等级均为“很舒适”；黧蒴锥林的综合舒适度指数为3.47～4.30，体感舒适等级均为“很舒适”；桉树林的综合舒适度指数为2.92～4.66，16:00的体感舒适等级为“舒适”，其余4个时间点的体感舒适等级均为“很舒适”；阔叶混交林的综合舒适度指数为3.38～5.07，15:00的体感舒适等级为“舒适”，其余4个时间点的体感舒适等级均为“很舒适”。6种林分的体感舒适度等级均处在“舒适”及以上水平。随着时间的推移，阴香林、灰木莲林、桉树林，以及黧蒴锥林的综合舒适度指数呈现先上升后下降再上升的趋势，而湿地松林和阔叶混交林的综合舒适度指数呈现出先下降后上升再下降的趋势。

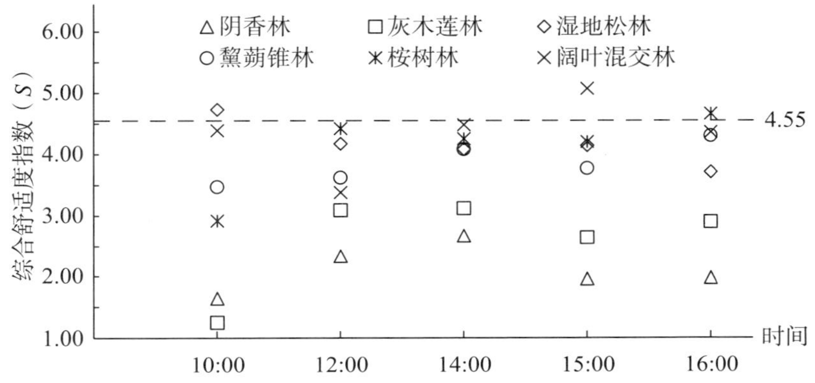

图3-1　体感舒适度分析

（二）空气离子评价指数分析

根据空气离子评价指数差异特征（图3-2）可知，阴香林的空气离子评价指数*FCI*为0.63～1.26，10:00的*FCI*等级为Ⅲ级，其余4个时间点的*FCI*等级均为Ⅳ级；灰木莲林的*FCI*为0.16～0.95，12:00的*FCI*等级为Ⅴ级，15:00的*FCI*等级为Ⅲ级，其余3个时间点的*FCI*等级均为Ⅳ级；湿地松林的*FCI*为0.96～1.27，*FCI*等级均为Ⅲ级；黧蒴锥林的*FCI*为0.68～0.99，14:00的*FCI*等级为Ⅲ级，其余4个时间点的*FCI*等级均为Ⅳ级；桉树林的*FCI*为0.49～0.76，16:00的*FCI*等级为Ⅴ级，其余4个时间点的*FCI*等级均为Ⅳ级；阔叶混交林的*FCI*为0.40～1.49，14:00的*FCI*等级为Ⅴ级，10:00和15:00的*FCI*等级为Ⅱ级，而12:00和16:00的*FCI*等级为Ⅳ级。6种林分的空气离子评价指数等级总体上处在Ⅲ级和Ⅳ级水平，具有一定的保健作用。阴香林、阔叶混交林的*FCI*峰值出现在10:00和15:00，桉树林、黧蒴锥林、灰木莲林，以及湿地松林的*FCI*峰值出现在14:00—15:00。

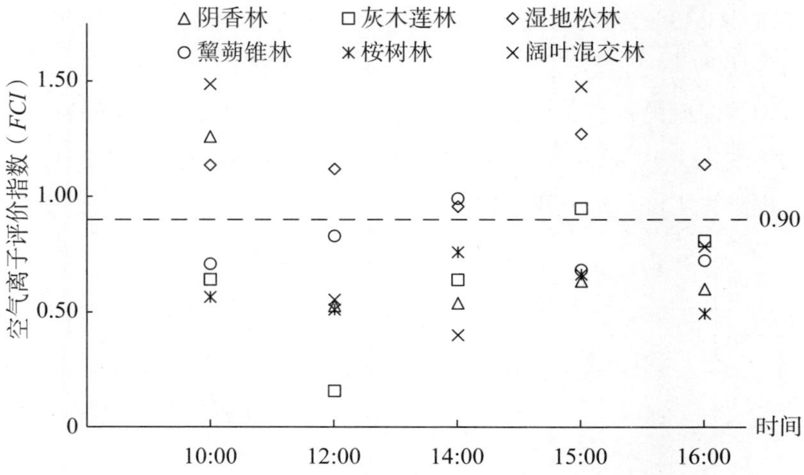

图3-2　空气离子评价指数分析

（三）空气颗粒物浓度指标分析

由图3-3可知，阴香林的$PM_{2.5}$质量浓度为10.25～17.75 μg/m^3，PM_{10}质量浓度为27.15～48.40 μg/m^3，TSP质量浓度为32.45～82.35 μg/m^3，均在一级质量浓度限值范围内；灰木莲林的$PM_{2.5}$质量浓度为11.75～14.60 μg/m^3，PM_{10}质量浓度为31.45～43.00 μg/m^3，TSP质量浓度为37.25～62.45 μg/m^3，均在一级质量浓度限值范围内；湿地松林的$PM_{2.5}$质量浓度为20.10～56.45 μg/m^3，PM_{10}质量浓度为49.40～103.40 μg/m^3，TSP质量浓度为57.20～112.10 μg/m^3，$PM_{2.5}$质量浓度在15:00和16:00超出一级质量浓度限值范围，PM_{10}质量浓度除了10:00外均超出一级质量浓度限值范围；黧蒴锥林的$PM_{2.5}$质量浓度为21.50～43.05 μg/m^3，PM_{10}质量浓度为47.55～76.45 μg/m^3，TSP质量浓度为52.20～85.00 μg/m^3，$PM_{2.5}$质量浓度在15:00和16:00超出一级质量浓度限值范围，PM_{10}质量浓度除了12:00外均超出一级质量浓度限值范围；桉树林的$PM_{2.5}$质量浓度为18.80～34.15 μg/m^3，PM_{10}质量浓度为53.85～75.35 μg/m^3，TSP质量浓度为66.25～83.40 μg/m^3，PM_{10}质量浓度超出一级质量浓度限值范围；阔叶混交林的$PM_{2.5}$质量浓度为18.10～29.75 μg/m^3，PM_{10}质量浓度为51.90～71.15 μg/m^3，TSP质量浓度为59.45～78.60 μg/m^3，PM_{10}质量浓度超出一级质量浓度限值范围。6种林分的$PM_{2.5}$质量浓度和TSP质量浓度总体上处在一级质量浓度限值范围内，湿地松林、黧蒴锥林、桉树林和阔叶混交林的PM_{10}质量浓度均超过了一级质量浓度限值。随着时间的推移，阴香林、灰木莲林、桉树林，以及阔叶混交林的空气颗粒物质量浓度变化较为平稳，而湿地松林和黧蒴锥林的空气颗粒物质量浓度呈现逐渐上升的趋势。

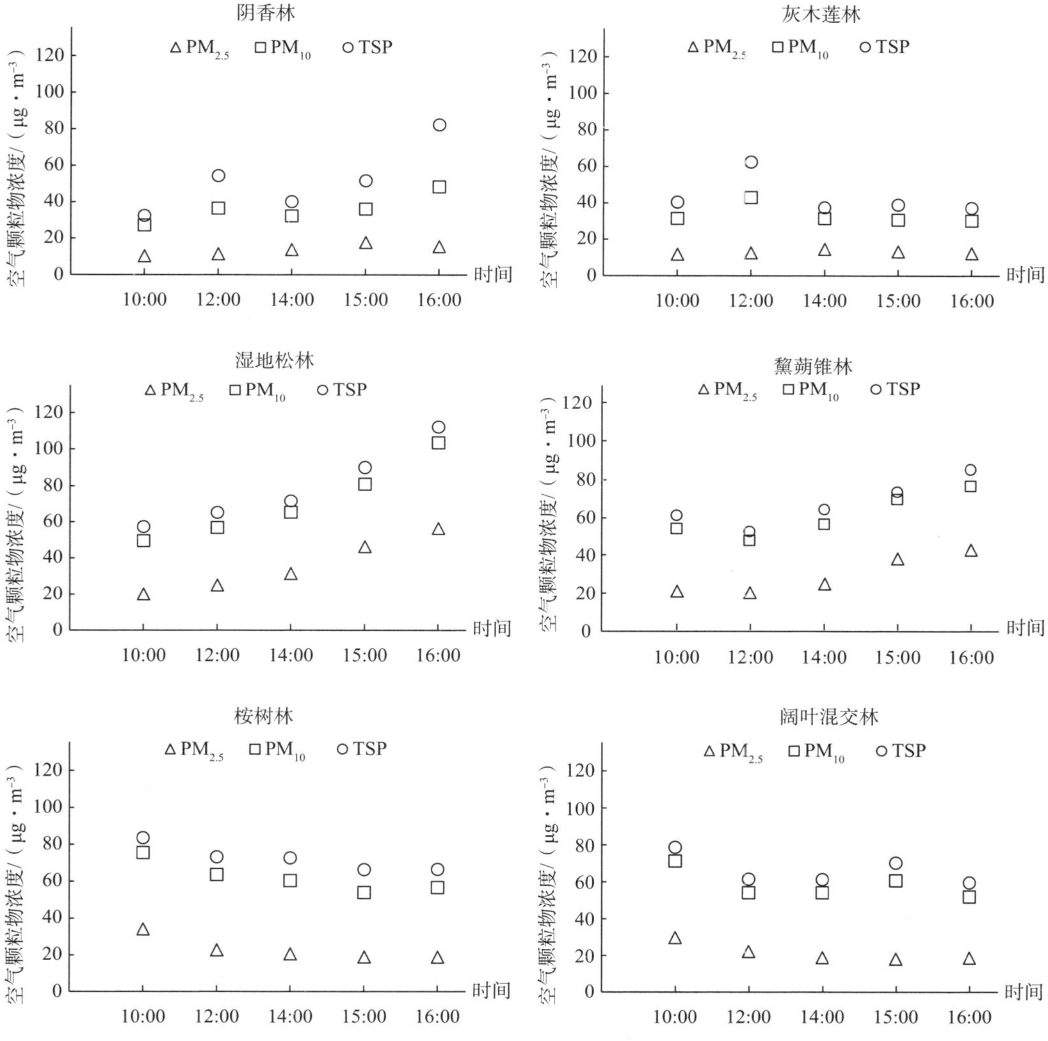

图3-3　空气颗粒物浓度指标分析

（四）芬多精GC-MS分析

通过分离鉴定森林内部的空气，从6种森林的挥发物样品中总共检测出10种芬多精类物质，种类和含量如表3-1所示。

表3-1　芬多精相对含量

有机物	分子式	相对含量/%					
		阴香林	灰木莲林	湿地松林	桉树林	窿䓪锥林	阔叶混交林
花生四烯酸甲酯	$C_{21}H_{34}O_2$	0.05	—	—	—	—	—
辛醛	$C_8H_{16}O$	0.95	0.48	1.12	—	—	0.46
壬醛	$C_9H_{18}O$	2.82	1.55	1.33	1.22	0.54	0.79
癸醛	$C_{10}H_{20}O$	2.92	—	1.19	0.92	—	—
长叶烯	$C_{15}H_{24}$	1.41	0.98	—	—	—	0.66
α-蒎烯	$C_{10}H_{16}$	—	—	0.28	—	—	—
芳樟醇	$C_{10}H_{18}O$	—	—	—	—	0.29	—
香茅醇	$C_{10}H_{20}O$	—	—	—	—	6.14	—
异长叶烯酮	$C_{15}H_{22}O$	—	—	—	—	1.02	—
庚炔羧酸甲酯	$C_9H_{14}O_2$	—	—	—	0.77	—	—
合计	—	8.15	3.01	3.92	2.91	7.99	1.91

6种森林所释放出的芬多精含量均较低，其中阴香林释放5种（8.15%），主要为醛类物质（6.69%）；灰木莲林释放3种（3.01%），主要为醛类物质（2.03%）；湿地松林释放4种（3.92%），主要为醛类物质（3.64%）；桉树释放3种（2.91%），主要为醛类物质（2.14%）；窿䓪锥林释放4种（7.99%），主要为醇类物质（6.43%）；阔叶混交林释放3种（1.91%），主要为醛类物质（1.25%）。

五、不同季节保健功能变化趋势研究

（一）体感舒适度分析

根据体感舒适度评价差异特征（图3-4）可知如下信息。

（1）阴香林3次测试的综合舒适度指数分别为3.68～4.83、1.64～2.67、4.29～6.76，通过方差分析可得出体感舒适度表现出极显著差异（$P<0.001$），第2次（2017年5月）的体感舒适度最优，第3次（2017年9月）的体感舒适度最差。

（2）灰木莲林3次测试的综合舒适度指数分别为3.89～5.29、1.25～3.12、4.66～6.61，通过方差分析可得出体感舒适度表现出极显著差异（$P<0.001$），第2次（2017年5月）的体感舒适度最优，第3次（2017年9月）的体感舒适度最差。

（3）湿地松林3次测试的综合舒适度指数分别为4.04～4.98、3.71～4.73、4.21～9.11，通过方差分析可得出体感舒适度表现出显著差异（$P<0.01$），第2次（2017年5月）的体感舒适度最优，第3次（2017年9月）的体感舒适度最差。

（4）黧蒴锥林3次测试的综合舒适度指数分别为4.17～5.54、3.62～4.30、4.20～6.96，通过方差分析可得出体感舒适度表现出显著差异（$P<0.01$），第2次（2017年5月）的体感舒适度最优，第3次（2017年9月）的体感舒适度最差。

（5）桉树林3次测试的综合舒适度指数分别为3.03～4.99、2.92～4.66、4.47～8.91，通过方差分析可得出体感舒适度有统计学差异（$P<0.05$），第2次（2017年5月）的体感舒适度最优，第3次（2017年9月）的体感舒适度最差。

（6）阔叶混交林3次测试的综合舒适度指数分别为4.67～6.21、3.38～5.07、4.48～6.57，通过方差分析可得出体感舒适度有统计学差异（$P<0.05$），第2次（2016年12月）的体感舒适度最优，第3次（2017年9月）的体感舒适度最差。

6种林分的体感舒适度等级总体上处在“舒适”及以上水平，除了湿地松林第3次测试的15:00和16:00，以及桉树林第3次测试的12:00和15:00，当时其体感舒适度为“不舒适”。6种林分的第2次（2017年5月）测试的体感舒适度均为最优。

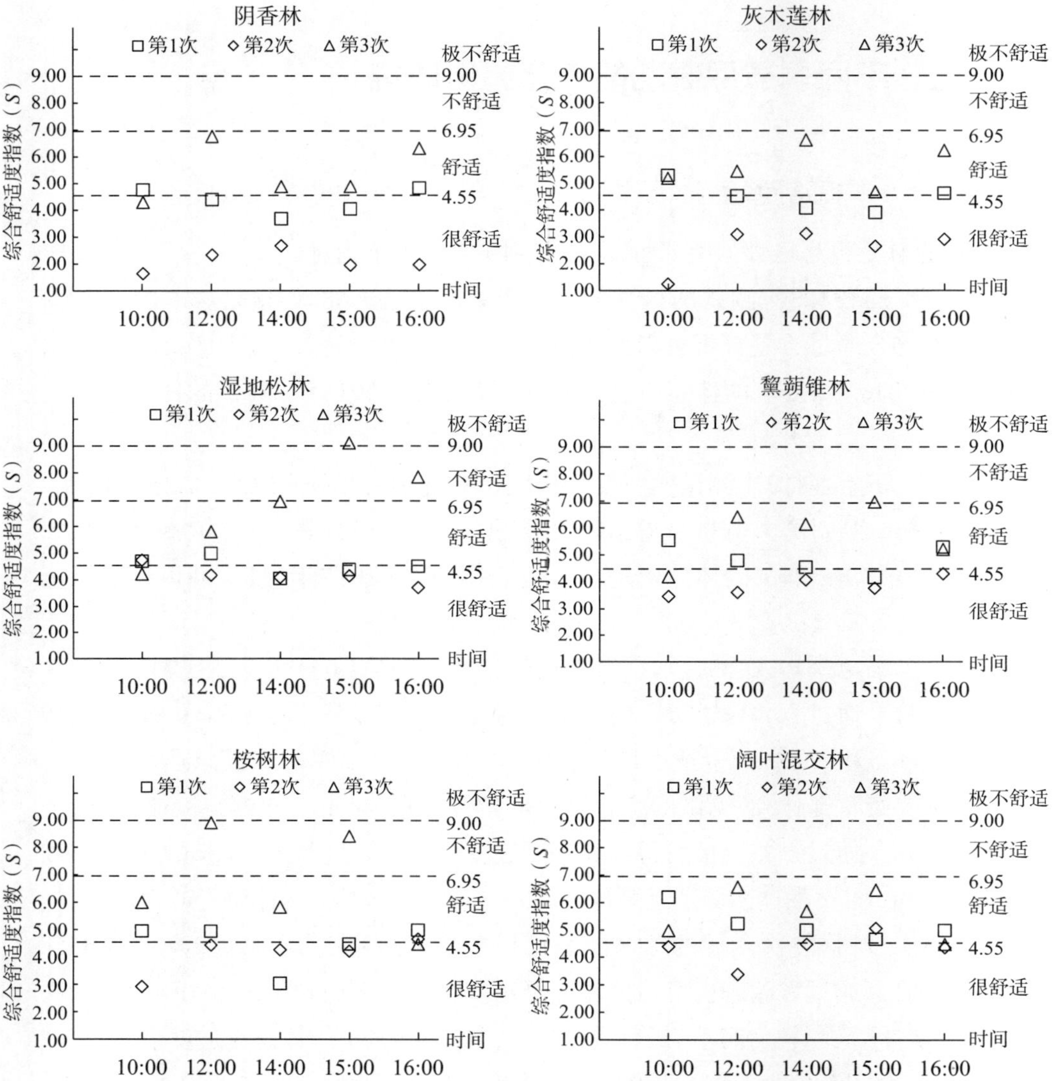

图3-4 体感舒适度分析

（二）森林空气离子评价指数分析

根据空气离子评价指数差异特征（图3-5）可知如下信息。

（1）阴香林3次测试的空气离子评价指数分别为0.04～0.23、0.53～1.26、0.05～0.53，通过方差分析可得出空气离子评价指数表现出显著差异（$P<0.01$），第2次（2017年5月）测试的*FCI*均值为0.71，森林空气具备一定的

保健功能，各时段的*FCI*等级均为Ⅳ级或以上。

（2）灰木莲林3次测试的空气离子评价指数分别为0.10～0.35、0.16～0.95、0.11～0.77，通过方差分析可得出空气离子评价指数有统计学差异（$P<0.05$），第2次（2017年5月）测试的*FCI*均值为0.64，第3次（2017年9月）测试的*FCI*均值为0.52，森林空气具备一定的保健功能。

（3）湿地松林3次测试的空气离子评价指数分别为0.06～0.22、0.96～1.27、0.23～0.83，通过方差分析可得出空气离子评价指数表现出极显著差异（$P<0.001$），第2次（2017年5月）测试的*FCI*均值为1.12，森林空气具备一定的保健功能，各时段的*FCI*等级均为Ⅲ级或以上。

（4）黧蒴锥林3次测试的空气离子评价指数分别为0.06～0.12、0.68～0.99、0.35～1.04，通过方差分析可得出空气离子评价指数表现出极显著差异（$P<0.001$），第2次（2017年5月）测试的*FCI*均值为0.79，森林空气具备一定的保健功能，各时段的*FCI*等级均为Ⅳ级或以上。

（5）桉树林3次测试的空气离子评价指数分别为0.07～0.14、0.49～0.76、0.52～1.48，通过方差分析可得出空气离子评价指数表现出显著差异（$P<0.01$），第2次（2017年5月）测试的*FCI*均值为0.60，第3次（2017年9月）测试的*FCI*均值为0.94，森林空气具备一定的保健功能。

（6）阔叶混交林3次测试的空气离子评价指数分别为0.10～0.18、0.40～1.49、0.35～0.52，通过方差分析可得出空气离子评价指数表现出显著差异（$P<0.01$），第2次（2017年5月）测试的*FCI*均值为0.93，森林空气具备一定的保健功能。

6种林分的空气离子评价指数等级在不同的季节呈现出明显的规律。其中，第2次（2017年5月）测试的*FCI*均值均达到Ⅳ级或以上，具有一定的保健作用。除桉树林之外的其他5种林分，第2次（2017年5月）测试的空气离子评价指数等级均为最优。同时，第2次（2017年5月）和第3次（2017年9月）测试的不同时段空气负离子评价指数等级出现较大的波动。

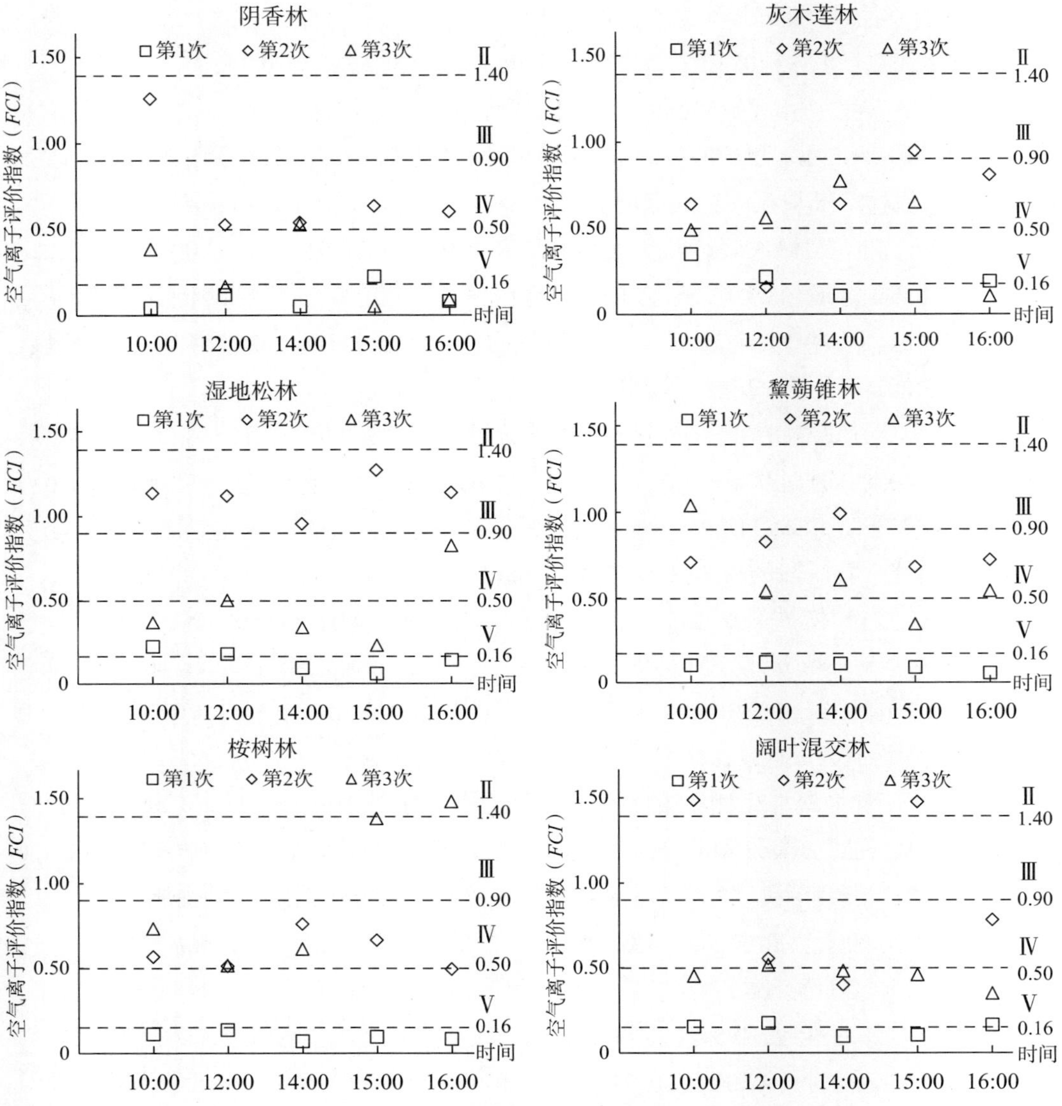

图3-5　森林空气离子评价指数分析

（三）空气颗粒物质量浓度指标分析

根据空气颗粒物$PM_{2.5}$质量浓度差异特征（图3-6）可知如下信息。

（1）阴香林3次测试的$PM_{2.5}$质量浓度分别为11.80～16.05 μg/m^3、10.25～17.75 μg/m^3、6.50～7.70 μg/m^3，通过方差分析可得出$PM_{2.5}$质量浓度表现出

极显著差异（$P<0.001$），第3次（2017年9月）测试的$PM_{2.5}$质量浓度均值为6.76 μg/m³，空气质量极显著优于第1次测试和第2次测试结果。

（2）灰木莲林3次测试的$PM_{2.5}$质量浓度分别为10.55～15.20 μg/m³、11.75～14.60 μg/m³、5.95～6.95 μg/m³，通过方差分析可得出$PM_{2.5}$质量浓度表现出极显著差异（$P<0.001$），第3次（2017年9月）测试的$PM_{2.5}$质量浓度均值为6.42 μg/m³，空气质量极显著优于第1次测试和第2次测试结果。

（3）湿地松林3次测试的$PM_{2.5}$质量浓度分别为2.85～3.40 μg/m³、20.10～56.45 μg/m³、3.30～5.75 μg/m³，通过方差分析可得出第1次（2016年12月）测试和第3次（2017年9月）测试的$PM_{2.5}$质量浓度具有统计学差异（$P<0.05$），第1次（2016年12月）测试的空气质量优于第3次测试结果，第2次（2017年5月）测试在15:00和16:00的$PM_{2.5}$质量浓度超过一级质量浓度限值。

（4）黧蒴锥林3次测试的$PM_{2.5}$质量浓度分别为9.20～11.45 μg/m³、20.85～43.05 μg/m³、2.00～2.40 μg/m³，通过方差分析可得出第1次（2016年12月）测试和第3次（2017年9月）测试的$PM_{2.5}$质量浓度具有极显著差异（$P<0.001$），第3次（2017年9月）测试的空气质量优于第1次（2016年12月）测试结果，第2次（2017年5月）测试在15:00—16:00的$PM_{2.5}$质量浓度超过一级质量浓度限值。

（5）桉树林3次测试的$PM_{2.5}$质量浓度分别为3.20～3.85 μg/m³、18.80～34.15 μg/m³、3.40～7.40 μg/m³，通过方差分析可得出第1次（2016年12月）测试结果和第3次（2017年5月）测试结果不存在统计学差异，但其空气质量极显著优于第2次（2017年9月）测试结果（$P<0.001$）。

（6）阔叶混交林3次测试的$PM_{2.5}$质量浓度分别为8.05～12.10 μg/m³、18.10～29.75 μg/m³、1.95～2.35 μg/m³，通过方差分析可得出$PM_{2.5}$质量浓度表现出极显著差异（$P<0.001$），第3次（2017年9月）测试的$PM_{2.5}$质量浓度均值为2.17 μg/m³，空气质量极显著优于第1次测试和第2次测试结果。

6种林分的$PM_{2.5}$质量浓度总体上处在一级质量浓度限值范围内，但湿地松林在14:00后出现了超过一级质量浓度限值的情况。同时，不同林分的空气质量呈现出不同趋势，阴香林、灰木莲林、黧蒴锥林和阔叶混交林在第3次（2017年9月）测试时的空气质量表现最优，而湿地松林和桉树林则在第1次（2016年12月）测试时的空气质量表现最优。

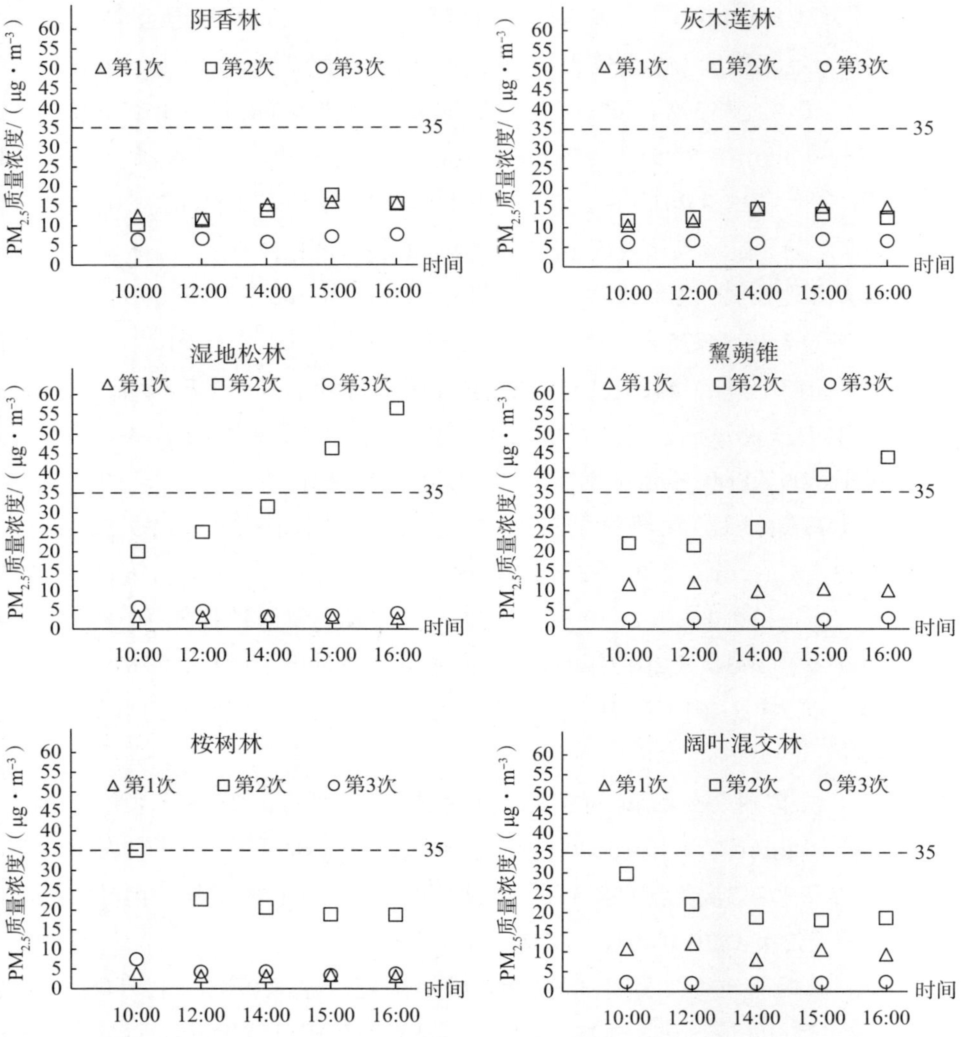

图3-6　空气颗粒物质量浓度指标分析

（四）芬多精GC-MS分析

通过分离鉴定第1次测试（2016年12月）的林分内部空气，从6种林分的挥发物样品中共检测出7种芬多精类物质，种类和相对含量如表3-2所示。6种林分所释放的芬多精相对含量均较低，其中在阴香林和灰木莲林中未检测出芬多精类物质；湿地松林释放2种（0.58%），主要为萜烯类物质（0.41%）；桉树林释放3种（0.23%），主要为萜烯类物质（0.23%）；黧蒴锥林释放4种（2.55%），主要为醛类物质（2.02%）；阔叶混交林释放3种（4.90%），主要为醛类物质（3.16%）。

表 3-2　芬多精相对含量（第1次）

有机物	分子式	相对含量/%					
		阴香林	灰木莲林	湿地松林	桉树林	黧蒴锥林	阔叶混交林
莰烯	$C_{10}H_{16}$	—	—	—	0.05	0.53	1.74
雪松醇	$C_{15}H_{26}O$	—	—	0.17	—	—	—
辛醛	$C_{8}H_{16}O$	—	—	—	—	0.53	1.31
壬醛	$C_{9}H_{18}O$	—	—	—	—	0.75	1.85
癸醛	$C_{10}H_{20}O$	—	—	—	—	0.74	—
长叶烯	$C_{15}H_{24}$	—	—	0.41	0.14	—	—
α-蒎烯	$C_{10}H_{16}$	—	—	—	0.04	—	—
合计	—	—	—	0.58	0.23	2.55	4.90

通过分离鉴定第2次测试（2017年5月）的林分内部空气，从6种林分的挥发物样品中共检测出11种芬多精类物质，种类和相对含量如表3-3所示。6种林分所释放的芬多精相对含量均较低，其中阴香林释放5种（8.15%），主要为醛类物质（6.69%）；灰木莲林释放3种（3.01%），主要为醛类物质（2.03%）；湿地松林释放4种（3.92%），主要为醛类物质（3.64%）；桉树林释放3种（2.91%），主要为醛类物质（2.14%）；黧蒴锥林释放4种（7.99%），主要为醇类物质（6.43%）；阔叶混交林释放3种（1.91%），主要为醛类物质（1.25%）。

表3-3　芬多精相对含量（第2次）

有机物	分子式	相对含量/%					
		阴香林	灰木莲林	湿地松林	桉树林	黧蒴锥林	阔叶混交林
花生四烯酸甲酯	$C_{21}H_{34}O_{2}$	0.05	—	—	—	—	—
辛醛	$C_{8}H_{16}O$	0.95	0.48	1.12	—	—	0.46
壬醛	$C_{9}H_{18}O$	2.82	1.55	1.33	1.22	0.54	0.79
癸醛	$C_{10}H_{20}O$	2.92	—	1.19	0.92	—	—
长叶烯	$C_{15}H_{24}$	1.41	0.98	—	—	—	0.66
α-蒎烯	$C_{10}H_{16}$	—	—	0.28	—	—	—

续表

有机物	分子式	相对含量/%					
		阴香林	灰木莲林	湿地松林	桉树林	黧蒴锥林	阔叶混交林
芳樟醇	$C_{10}H_{18}O$	—	—	—	—	0.29	—
香茅醇	$C_{10}H_{20}O$	—	—	—	—	6.14	—
异长叶烯酮	$C_{15}H_{22}O$	—	—	—	—	1.02	—
庚炔羧酸甲酯	$C_9H_{14}O_2$	—	—	—	0.77	—	—
合计	—	8.15	3.01	3.92	2.91	7.99	1.91

通过分离鉴定第3次测试（2017年9月）的林分内部空气，从6种林分的挥发物样品中共检测出7种芬多精类物质，种类和相对含量如表3-4所示。6种林分所释放的芬多精相对含量均较低，其中阴香林释放2种（2.57%），主要为醇类物质（2.35%）；灰木莲林释放2种（2.06%），均为萜烯类物质；湿地松林释放4种（9.44%），主要为萜烯类物质（7.95%）；桉树林释放2种（6.68%），均为萜烯类物质；黧蒴锥林释放3种（4.47%），均为萜烯类物质；阔叶混交林释放2种（5.87%），均为萜烯类物质。

表3-4　芬多精相对含量（第3次）

有机物	分子式	相对含量/%					
		阴香林	灰木莲林	湿地松林	桉树林	黧蒴锥林	阔叶混交林
莰烯	$C_{10}H_{16}$	0.22	1.18	6.92	5.80	0.56	0.51
正癸醇	$C_{10}H_{22}O$	2.35	—	—	—	—	—
长叶烯	$C_{15}H_{24}$	—	—	—	—	3.65	5.36
α-蒎烯	$C_{10}H_{16}$	—	—	0.67	0.88	0.26	—
芳樟醇	$C_{10}H_{18}O$	—	—	—	—	—	—
香茅醇	$C_{10}H_{20}O$	—	—	1.49	—	—	—
甘菊蓝	$C_{10}H_8$	—	0.88	0.36	—	—	—
合计	—	2.57	2.06	9.44	6.68	4.47	5.87

对6种林分在不同季节下释放芬多精情况进行对比可知（图3-7）：3次测试中6种林分空气芬多精相对总含量均在10%以下；通过方差分析可得出3次测试的

林分内部空气芬多精相对含量存在显著差异（$P<0.05$）；第2次测试和第3次测试的芬多精相对含量显著高于第1次测试，表明第2次（2017年5月）测试和第3次（2017年9月）测试的6种林分芬多精整体含量高于第1次测试（2016年12月）。

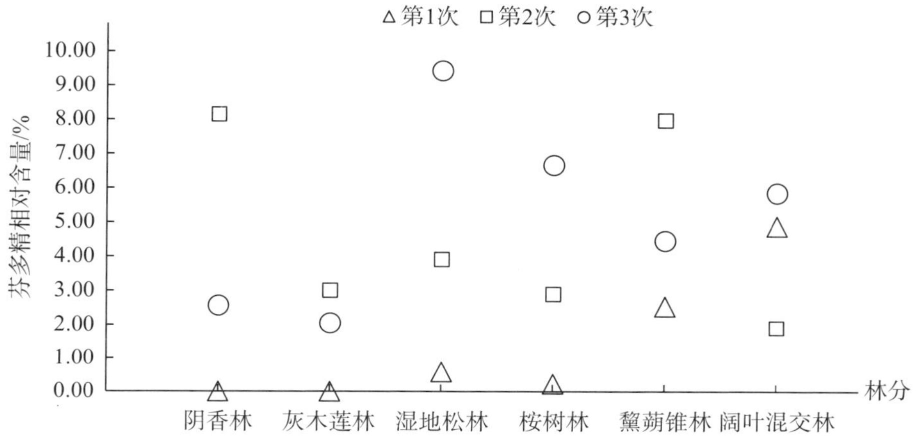

图3-7　芬多精相对含量评价

（五）森林保健功能综合分析

在广东云勇国家森林公园内，本研究针对人体舒适度、空气负离子评价指数和$PM_{2.5}$质量浓度这3项指标，首先将每个时间点下舒适度等级在“舒适”及以上、空气负离子评价指数在Ⅳ级以上、$PM_{2.5}$质量浓度在一级质量浓度限值内的林分初步作为具有一定综合保健功能的林分。研究结果表明：在不同时间维度下，林分的综合保健功能表现出一定差异（表3-5），具体表现为第1次测试（2016年12月）时，6种林分的5个时间段均未表现出较好的综合保健功能，其原因主要是6种林分在5个时间段内的空气负离子评价指数均为Ⅴ级，不具备保健功能；第2次测试（2017年5月）时，阴香林5个时间段均表现出较好的保健功能，灰木莲林、桉树林和阔叶混交林分别有4个时间段表现出较好的保健功能，湿地松林和黧蒴锥林分别有3个时间段表现出较好的保健功能；第3次测试（2017年9月）时，黧蒴锥林有4个时间段表现出较好的保健功能，灰木莲林和桉树林有3个时间段表现出较好的保健功能，阴香林、湿地松林和阔叶混交林仅有1个时间段表现出较好的保健功能。

表3-5 不同林分保健功能综合评价

林分	测试	在各项指标下表现较好的林分类型																			
		体感舒适度					空气负离子评价指数					$PM_{2.5}$质量浓度					综合				
		a	b	c	d	e	a	b	c	d	e	a	b	c	d	e	a	b	c	d	e
阴香林	第1次	+	+	+	+	+	—	—	—	—	—	+	+	+	+	+	—	—	—	—	—
	第2次	+	+	+	+	+	+	+	+	+	+	+	+	+	+	+	+	+	+	+	+
	第3次	+	+	+	+	+	—	—	+	—	—	+	+	+	+	+	—	—	+	—	—
灰木莲林	第1次	+	+	+	+	+	—	—	—	—	—	+	+	+	+	+	—	—	—	—	—
	第2次	+	+	+	+	+	+	—	+	+	+	+	+	+	+	+	+	—	+	+	+
	第3次	+	+	+	+	+	—	+	+	+	—	+	+	+	+	+	—	+	+	+	—
湿地松林	第1次	+	+	+	+	+	—	—	—	—	—	+	+	+	+	+	—	—	—	—	—
	第2次	+	+	+	+	+	+	+	+	+	+	+	+	+	—	—	+	+	+	—	—
	第3次	+	+	+	—	—	—	+	—	—	+	+	+	+	+	+	—	+	—	—	—
黧蒴锥林	第1次	+	+	+	+	+	—	—	—	—	—	+	+	+	+	+	—	—	—	—	—
	第2次	+	+	+	+	+	+	+	+	+	+	+	+	+	—	—	+	+	+	—	—
	第3次	+	+	+	+	+	+	+	+	—	+	+	+	+	+	+	+	+	+	—	+
桉树林	第1次	+	+	+	+	+	—	—	—	—	—	+	+	+	+	+	—	—	—	—	—
	第2次	+	+	+	+	+	+	+	+	+	—	+	+	+	+	+	+	+	+	+	—
	第3次	+	—	+	—	+	+	+	+	+	+	+	+	+	+	+	+		+		+
阔叶混交林	第1次	+	+	+	+	+	—	—	—	—	—	+	+	+	+	+	—	—	—	—	—
	第2次	+	+	+	+	+	+	+	—	+	+	+	+	+	+	+	+	+	—	+	+
	第3次	+	+	+	+	+	—	+	—	—	—	+	+	+	+	+	—	+	—	—	—

注：+ 代表以下3种情况：①体感舒适度为“舒适”或“很舒适”；②空气负离子评价指数达到Ⅳ级以上；③$PM_{2.5}$质量浓度在一级质量浓度限值范围内。

a、b、c、d、e分别代表时间10:00、12:00、14:00、15:00、16:00。

以上3个指标的评价结果表明：第1次测试（2016年12月）时6种林分均不具备保健功能；除了黧蒴锥林之外，其他5种林分在第2次测试时（2017年5月）的保健功能均优于第3次测试。

结合GC–MS结果进一步分析：第2次测试（2017年5月）时阴香林（8.15%）

和灰木莲林（3.01%）的芬多精含量高于第3次测试（2017年9月）时阴香林（2.57%）和灰木莲林（2.06%）的芬多精含量，因此，可以判定第2次测试（2017年5月）时阴香林和灰木莲林的保健功能优于第3次测试（2017年9月）。

六、城市近郊保健林构建技术指引

以春季为例（5月），在广东云勇国家森林公园内，针对人体舒适度、空气负离子评价指数和$PM_{2.5}$质量浓度这3项指标，本研究将每个时间点同时满足人体舒适度达到“很舒适”、空气负离子评价指数达到Ⅳ级以上、$PM_{2.5}$质量浓度在一级质量浓度限制范围内这3个条件的林分初步筛选为具有一定保健功能的林分。结果表明：在5个不同时间段，保健功能表现较好的林分各有不同，具体表现为10:00，阴香林、灰木莲林、桉树林、黧蒴锥林和阔叶混交林的保健功能表现较好；12:00，阴香林、湿地松林、桉树林、黧蒴锥林和阔叶混交林的保健功能表现较好；14:00，阴香林、灰木莲林、湿地松林、桉树林和黧蒴锥林的保健功能表现较好；15:00，阴香林、灰木莲林和黧蒴锥林的保健功能表现较好；16:00，阴香林、灰木莲林和阔叶混交林的保健功能表现较好。其中，阴香林5个时间点的保健功能均表现良好，灰木莲林和黧蒴锥林有4个时间点的保健功能表现良好，桉树林和阔叶混交林有3个时间点的保健功能表现良好，湿地松林仅有2个时间点的保健功能表现良好。结合GC-MS分析结果进一步分析发现，6种林分的芬多精中对人体有益的成分相对含量排序依次为阴香林（8.15%）、黧蒴锥林（7.99%）、湿地松林（3.92%）、灰木莲林（3.01%）、桉树林（2.91%）、阔叶混交林（1.91%）。因此，通过体感舒适度等级、空气负离子评价指数、$PM_{2.5}$质量浓度和芬多精含量4个指标进行评判，发现阴香林和黧蒴锥林的综合保健功能在6种林分中表现最为突出。

研究表明，同一林分不同季节的体感舒适度具有显著差异。体感舒适度是气温、相对湿度和风速3个因子加权的结果。根据公式分析，气温（0.60）和风速（0.50）这2个因子的权重远远高于相对湿度（0.07）。虽然第1次测试和第3次测试的相对湿度更接近70%的最佳相对湿度，但第2次测试的气温和风速条件更优，最终导致第2次测试的体感舒适度最优。因此，森林保健功能的发挥与林分内气温和风速条件联系更为紧密。

不同林分内$PM_{2.5}$质量浓度受季节变化影响程度存在一定差异。阴香林和灰木莲林的$PM_{2.5}$质量浓度受季节变化影响较小，而其他4种林分在不同的季节中$PM_{2.5}$质量浓度出现了较大的波动，这表明阴香林和灰木莲林对$PM_{2.5}$的滞尘效果较为稳定，受外界因素影响较小。

芬多精的挥发量和组成成分与气温有一定的关联。3次测试不同林分释放的物质有较大差异，第1次测试和第2次测试释放的醛类物质较多，而第3次测试释放的萜烯类物质较多，这是由于不同季节的气温存在差异。因此，还需进一步研究不同林分芬多精挥发阈值，以便更好发挥森林的保健功能。

林分保健功能的发挥受到季节变化影响。建群树种及监测季节的不同，会导致森林表现的保健功能具有一定差异。根据本研究所得结果可知，在广东云勇国家森林公园内，5月的阴香林和灰木莲林的综合保健功能最优，因此，建议可在每年的5月在以阴香和灰木莲为建群树种的林分内开展以森林保健为主题的游憩活动。

第四章

珠三角城市近郊文化林构建技术研究

一、研究地点和方法

本研究选取了珠三角100个聚落形态、景观格局清晰的城郊乡村，采用卫星图像目视解译与实际调查相结合的方法开展研究。研究对象为城郊乡村聚落形态、乡村人居型文化林的景观格局，并选取了9个聚落形态清晰且人居型文化林组成较完整、保存较得当的城郊乡村进行实地调查，其中团状、带状（线状）和环状乡村各3个（表4-1）。本研究针对乡村人居型文化林进行调查，设置20 m × 20 m的调查样方，对样方内胸径$DBH \geqslant 2.5$ cm的个体逐一进行测量，记录其种名、树高、胸径、冠幅等信息，并采用文献查询法、访谈法等获取文化林历史、社会、民俗变迁等相关信息，梳理森林文化。

表4-1　9个乡村信息、人居环境面积

聚落形态	乡村	人居环境面积/m^2	乡村形态
团状	广州市海珠区小洲村	538 857	村口利用河道营建池塘 民居包围龙座林向外扩张发展
	东莞市茶山镇牛过蓢古村	53 042	村口有池塘 民居背靠龙座林呈梳式排布
	珠海市香洲区会同村	114 875	村口有池塘 民居背靠龙座林排布
带状（线状）	广州市番禺区大稳村	317 213	乡村沿河道发展，河网密布水乡 民居分布于河流两侧
	广州市黄埔区重岗村	286 875	村口有池塘 民居沿主干道两侧排布
	广州市南沙区湴湄村	215 787	乡村沿河道发展，河网有水乡分布 民居分布于河流、道路两侧
环状	广州市番禺区草堂村	181 337	村口有池塘 民居沿龙座林呈环状发展
	广州市黄埔区莲塘村	144 467	村口有池塘 民居沿龙座林呈环状发展
	东莞市企石镇江边村	213 383	村口有池塘 民居沿龙座林呈环状发展

二、乡村聚落形态

珠三角城郊乡村具有人口密集、开发强度偏高、资源环境负荷偏重等特点。聚落形态一般表现为团状、环状、带状3种类型（图4-1）。其中，团状乡村比例为75%，环状、带状分别为12%和13%。团状乡村房屋比较集中，平面呈近圆形或不规则的多边形，多以山体、祠堂、道路交叉点等为中心，集聚众多住宅，多位于平原和盆地。环状乡村沿山体呈环状分布，环状乡村的明显特征为环山而建，如果背后没有高山可靠，乡村也尽量选址于背靠低矮丘陵的地方，并种植茂密的树林包围村落，形成缓冲区。带状乡村为沿河流、山谷、交通线呈带状分布的村落。乡村中河道和道路的走向往往就是村落延伸的依据和界线，也是乡村主要的轴线，民居则根据河流走势和公路走向灵活发展。

图4-1　珠三角乡村聚落形态

广州市黄埔区九龙镇莲塘村

广州市南沙区沙角村

图4-1（续）

珠三角作为传统农业区，其大部分乡村的选址、布局受传统风水理论及宗族关系影响，追求枕山、环水、面屏的环境（图4–2）。传统村落的理想环境应该是背靠祖山，山上林木葱郁，左有青龙，右有白虎，二者相辅，前景开阔，远处有案山相对，有水流自山间流出，蜿蜒曲折，绕前方而去。

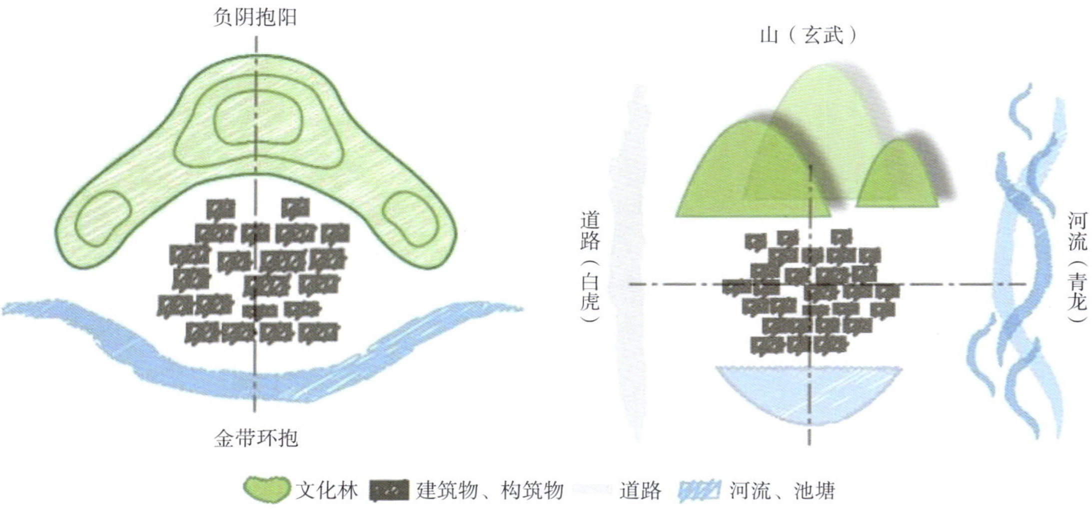

图4–2　风水理论中理想村落平面布局（左）和最佳村落选址（右）

当风水理论与珠三角特殊的地形地貌、宗法文化结合之后，经过长期的发展、演变，最终形成了独特的岭南风水文化。总体来说，珠三角大部分乡村于靠近山、水、田地的地方选址，达到既适应当地自然环境，又方便耕作、用水和行舟的目的。背山可以阻挡从北方袭来的寒流，迎水可以迎接夏日南来之凉风，近水不但有利于生活、生产，而且有利于雨季汇集雨水，易于取水防火。

三、空间布局和类型划分

由于珠三角地区城郊乡村受传统风水理论的影响，乡村森林的景观格局遵循一定的规律。乡村森林生态环境一般包括乡村内部的人居型文化林、乡村外部的生产型文化林，它们有着不同的空间结构、景观形态及植物种类，互相促进、相互补充，形成完整的城郊乡村文化林体系（图4–3）。

人居型文化林：1.水口林；2.下垫林；3.龙座林；4.庭院林；5.祠堂、广场；6.街巷空间；7.河涌水道。
生产型文化林：8.果林、农田；9.防护林。

图4-3　珠三角城郊乡村森林景观格局

珠三角乡村人居型文化林包括水口林、下垫林、龙座林、庭院林等与居民生活息息相关的人居绿色环境。由于乡村人居型文化林多由居民自发建设、维护，随意性较大，且各个乡村的地形地貌、土壤及水文情况各不相同，不同乡村的人居型文化林景观格局、群落特征有明显差异。

（一）水口林

水口林又称“抵煞林”，位于乡村的村口处，是乡村的“门户”，也是一村一族居民盛衰荣辱的象征。面积可为几百平方米至上万平方米，对村落边界、生态环境的保护都起到重要作用。水口林空间一般有古树、水塘或河流，由于风水学里很强调水的作用，即水是生气聚财的象征，而呈环抱状的水则被认为是最能聚气的。于是人们便利用自然河道建设水口林（图4-4、图4-5）；对于没有河流经过的村落，只能通过人工开挖水塘（又称砚池）的方式创造水口林（图4-6、

图4-7），所以水口林空间常表现为“前塘后村”“村口植树”。水口处往往还建有桥、亭、堤、塘等物，以增强对村落的镇锁气势，从文化观念上形成了封闭的空间，有利于保存祖先的事物与人文教化。

水口林为乡村创造了灵活的公共生活空间，为居民开展民俗宗教活动、祭拜先祖、议事、乘凉、晾晒、娱乐游憩、吟诗会友提供了场所，不仅有很好的实用功能，还对居民的精神生活起到良好的调适作用。

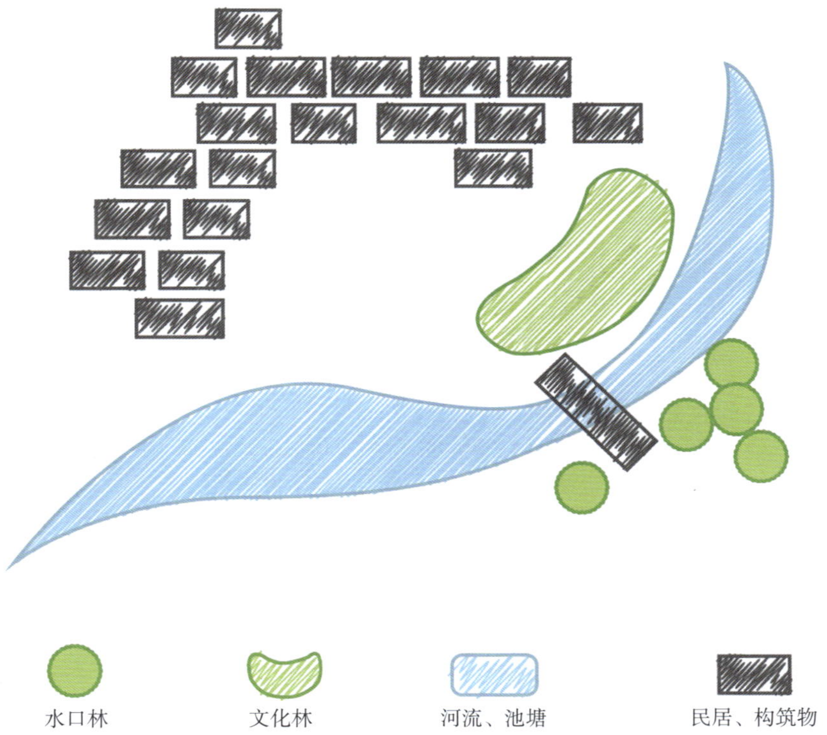

图4-4　水口林空间形式一——绿色环境和交流空间

图4-5 广州市从化区凤院村水口林

图4-6 水口林空间形式二——绿色环境

图4-7　广州市海珠区小洲村水口林

由于人们相信“树养人丁、水养财”，故水口林的林木得到了很好的保护，随着时间的推移，珠三角多数水口林的树木已长成参天古树。水口林的林木多为常绿大乔木，具有抗风、抗逆性好，稳定性佳，树冠广阔浓密、存活期长等特点。常见树种有细叶榕、荔枝、龙眼、菩提榕等。其中，以细叶榕最为常见，它因具有茂密的枝叶、阔达的树冠和顽强的生命力常被居民视为“神树”，认为它能保佑村落和居民的平安。偶有开花植物、彩叶植物点缀，如凤凰木、木棉、秋枫等。

（二）下垫林

下垫林亦称“垫脚林”，主要指种植于村前池塘、河边、湖畔的林木。下垫林一般与水口林相邻，沿村前池塘呈块状分布或沿河道呈带状发展，面积较小。下垫林主要与龙座林在视觉上相呼应，避免视觉上头重脚轻，对保护乡村景观的完整性起到重要作用。珠三角乡村下垫林有两种常见模式，一种为村口池塘边成片的绿色环境（图4-8、图4-9）；另一种为村边沿河流呈带状发展的绿色环境（图4-10、图4-11），其中能发现古时遗存的埠头、古桥、洗衣台等。下垫林一般保存完好，不仅是居民休闲游憩的公共空间，也是游客喜爱的水乡环境。

下垫林一般出现在池塘、水岸边，有防止水土流失的作用。下垫林的林木多为乡土常绿中小型乔木，抗风、抗逆性好，具有一定的耐湿性。常见的树种包括龙眼、蒲桃、洋蒲桃、芭蕉、竹子等。

图4-8　下垫林空间形式一

图4-9　广州市增城区高铺村下垫林

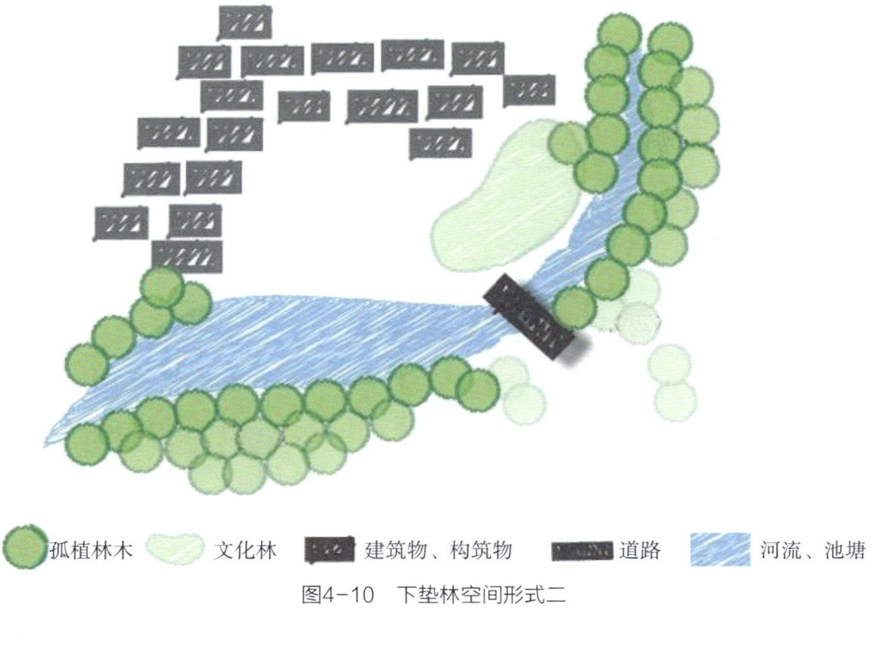

图4-10　下垫林空间形式二

图4-11　广州市海珠区小洲村下垫林

（三）龙座林

龙座林一般坐落在山脚、山腰或村落后山，为村落后方的绿带屏障。龙座林面积较大，呈常绿状态；历史悠久，是乡村居民的集体精神寄托。居民相信龙座林会庇护乡村，带来好运，所以对龙座林的保护十分重视。龙座林可蓄水保土、防风御寒，对改善乡村生态小气候、维护乡村的自然生态环境起到重要作用。当龙座林面积较大时，房屋沿山体走势发展（图4-12、图4-13）；当龙座林面积较小时，乡村的发展会包围甚至吞噬龙座林（图4-14、图4-15）。部分龙座林在历史上曾遭受破坏，目前主要为常绿慢生阔叶人工次生林，群落为“乔+草”结构，种植方式为群植。

图4-12　龙座林空间形式一

图4-13　东莞市企石镇江边村龙座林

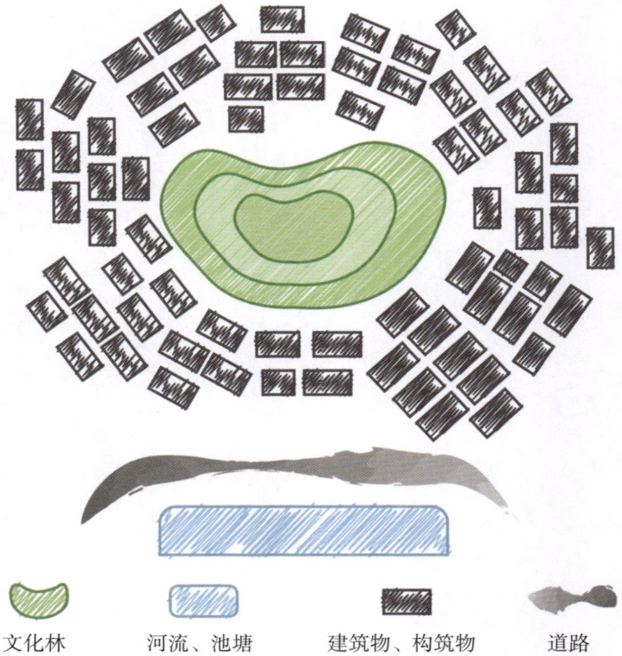

图4-14　龙座林空间形式二

图4-15　广州市海珠区小洲村龙座林

珠三角城郊乡村龙座林在历史上曾受到一定程度的人为影响，植物群落多为南亚热带常绿阔叶次生林，“乔+灌+草”层丰富度高且均匀。乔木层以常绿慢生乡土树种为主，包括红鳞蒲桃、华润楠、假苹婆、降真香、马尾松、蒲桃、山黄麻、山乌桕、土沉香、阴香、樟树等。为提高龙座林的实用性及经济价值，居民也会栽植材用植物，如格木、花榈木、粘木、樟树、竹子等；果品植物，如荔枝、橄榄、龙眼、黄皮、枇杷、桃金娘等。

（四）庭院林

庭院林指种植于庭院内或庭院周围的林木，用于美化、改善居住环境。由于珠三角城郊乡村传统聚落多为团状聚集式布局，乡村内部房屋集中分布，少有独立庭院，故庭院林表现形式不一，有的为盆栽，有的为小块绿地，更多的为零星散布于房前屋后的绿色环境（图4–16至图4–19）。

庭院林栽植的林木一般数量较少，以小乔木为主，树种寓意多与福、禄、寿、喜、财、吉相关，或孤植，或三五群植；另外，乡村居民对植物的偏好有主观差异性，所以植物种类多、随意性大。由于乡村内部空间的限制，庭院林栽植的植物更讲究观赏性或实用性。观赏性，即具有良好观花、观形的树种，如鸡蛋花、罗汉松、桂花、茶花、簕杜鹃等；实用性，即能提供树荫或果实能食用的树种，如龙眼、木瓜、石榴、番荔枝、阳桃等，树壮果多意为多子。

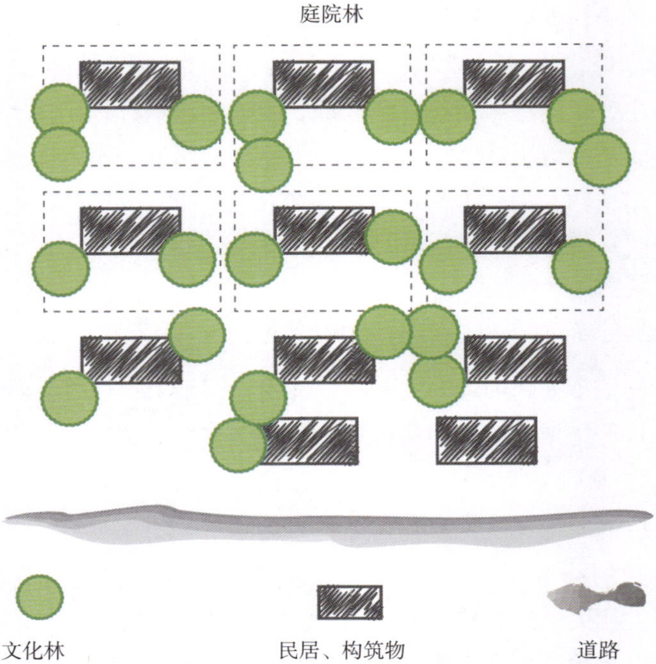

图4-16　庭院林空间形式一

图4-17　广州市海珠区小洲村庭院林

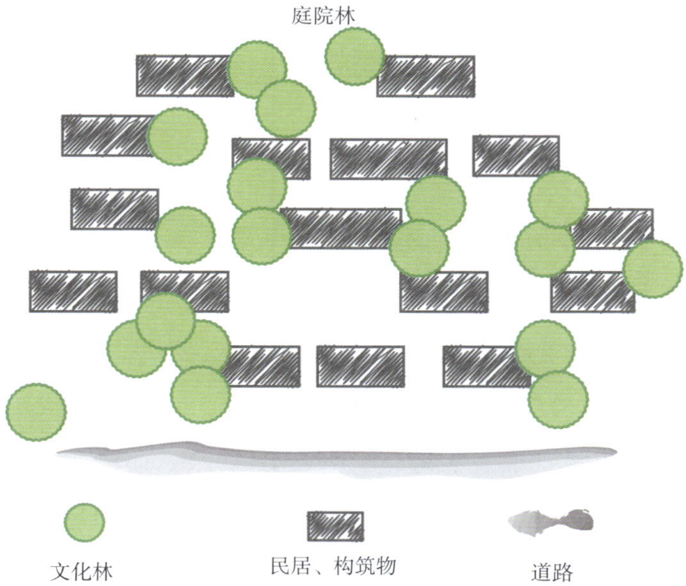

图4-18 庭院林空间形式二

图4-19 广州市番禺区大稳村庭院林

四、结果与分析

（一）人居型文化林典型形式

研究表明，24%的乡村包含4种人居型文化林，包含3种、2种人居型文化林的乡村的比例分别为44%和27%，而5%的乡村仅有1种人居型文化林（图4-20）。其中，庭院林、水口林、龙座林、下垫林比例依次为100%、88%、55%、43%（图4-21）。

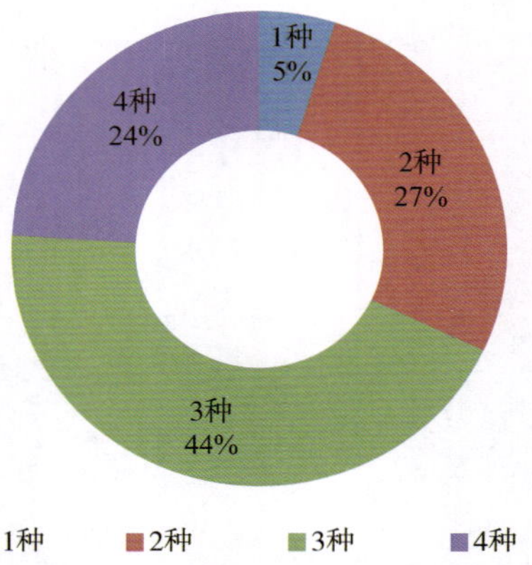

图4-20　人居型文化林丰富度

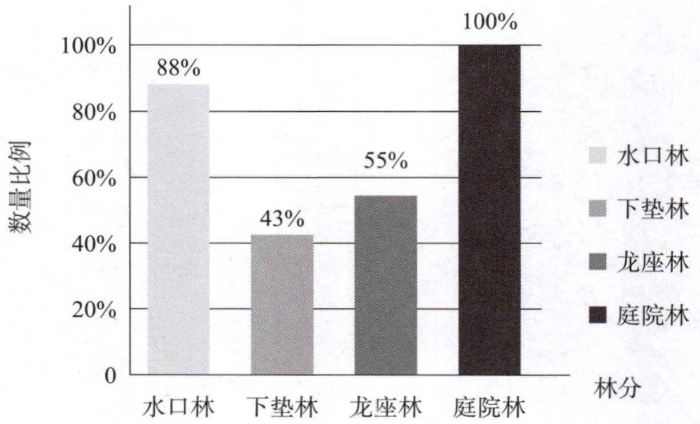

图4-21　各类人居型文化林的比例

（二）不同文化林的景观表现

由于人居型文化林由居民自发管理、建设，且自然条件不同，其景观格局、群落特征都有独特性（表4–2、表4–3）。

表4–2　4种人居型文化林的比较

类型		空间尺度	形态	结构	其他
公共环境	水口林	中等	团状 点状	乔–草	大乔木个体数多
	下垫林	中等	团状 带状	乔–草	中乔木个体数多 湿生植物个体数多
	龙座林	大	团状	乔–灌–草	大、中乔木个体数多
私人环境	庭院林	小	点状	小乔–灌	以小乔木、灌木为主 受人为影响，差异性大

表4–3　9个乡村文化林特征

聚落形态	乡村	文化林空间布局及面积/m^2			
		水口林	下垫林	龙座林	庭院林
团状	广州市海珠区小洲村	●片状 3 100	●带状 3 470	●点状 855	●
	东莞市茶山镇牛过萌古村	●点状 533	●带状 792	●片状 16 768	●
	珠海市香洲区会同村	●片状 7 594	●片状 2 872	●片状 33 484	●
带状	广州市番禺区大稳村	●点状 1 800	●带状 2 361	—	●
	广州市黄埔区重岗村	●点状 1 590	●带状 1 469	●片状 77 766	●
	广州市南沙区湴湄村	●片状 8 278	●带状 4 340	—	●
环状	广州市番禺区草堂村	●片状 3 680	—	●片状 28 719	●
	广州市黄埔区莲塘村	●片状 6 866	●片状 2 875	●片状 47 374	—
	东莞市企石镇江边村	●点状 3 772	●带状 591	●片状 52 469	●

注：1. ●代表相应区域存在该种文化林。
　　2. 因分布在乡村中的庭院林数量繁多，面积各不相同，因此未列出具体面积。

（三）树种组成特征及功能分析

珠三角的人居型文化林林木种类丰富，具有南亚热带季风常绿阔叶林特点。本研究所调查的9个乡村人居型文化林的树种共有40科74属91种（表4–4），以无患子科（Sapindaceae）、芸香科（Rutaceae）、桑科（Moraceae）、樟科（Lauraceae）、木棉科（Bombacaceae）为主。其中，人居型文化林乔木层丰富度排序依次为水口林＞庭院林＞下垫林＞龙座林。受重视程度高的水口林不仅使原有林木得到较好的保护，而且引种了新树种使林木种类更加丰富；庭院林树种较多的原因是居民栽植时主观随意性大；由于下垫林靠近道路、河流等，易受乡村建设影响，风貌、树种保存不完整；而龙座林由于在历史上曾遭受破坏，且部分被开发为果林，林木种类呈减少趋势。

表4–4　人居型文化林乔木科、属、种的组成

类型	科		属		种	
总计	数量	比例/%	数量	比例/%	数量	比例/%
	40	100	74	100	91	100
水口林	24	60	32	43	39	43
下垫林	17	43	28	38	32	35
龙座林	15	38	22	30	30	33
庭院林	25	63	34	46	36	40

调查还发现，人居型文化林的观赏、食用功能突出，属观赏型的树种共有32种（表4–5），占总数（91种）35.16%；食用型果树共有24种，占总数（91种）26.37%。观赏型树种种类分布排序为水口林＞下垫林＞庭院林＞龙座林。水口林的观赏型树种较多的原因有：①随着人们审美水平的提高，水口林需要栽植观花、色叶树种来丰富空间色彩；②随着一些古树的衰老退化，居民有意识地补种观赏型树种。食用型果树树种分布排序为庭院林＞下垫林＞龙座林＞水口林。庭院林和下垫林分布着各类果树，表明饮食文化促使居民注重在房前院后栽植果树，而下垫林因靠近池塘水岸，水肥条件好，有利于果树生长。

表4–5　人居型文化林树种功能统计

类型	观赏型				食用型	
	观花型		色叶型			
总计	数量	比例/%	数量	比例/%	数量	比例/%
	24	100	8	100	24	100
水口林	13	54	5	63	8	33
下垫林	10	42	7	88	12	50
龙座林	1	4	1	13	9	38
庭院林	7	29	0	0	20	83

（四）树种出现频率分析

文化林中的树种反映了长久以来居民对乡村人居环境建设的理解，其出现频率反映了其受喜好程度（表4–6）。调查发现文化林总体呈现出明显的观赏性和食用性。

表 4–6　人居型文化林中出现频率位列前10的树种

类型	出现频率位列前10的树种（依次排列）
水口林	樟树（*Camphora officinarum*）、细叶榕（*Ficus microcarpa*）、落羽杉（*Taxodium distichum*）、龙眼（*Dimocarpus longan*）、毛果杜英（*Elaeocarpus rugosus*）、水石榕（*Elaeocarpus hainanensis*）、水翁（*Syzygium nervosum*）、大王椰（*Roystonea regia*）、池杉（*Taxodium distichum* var. *imbricatum*）、垂枝红千层（*Callistemon viminalis*）
下垫林	龙眼（*Dimocarpus longan*）、蒲桃（*Syzygium jambos*）、黄皮（*Clausena lansium*）、荔枝（*Litchi chinensis*）、洋紫荆（*Bauhinia variegata*）、樟树（*Camphora officinarum*）、池杉（*Taxodium distichum* var. *imbricatum*）、细叶榕（*Ficus microcarpa*）、洋蒲桃（*Syzygium samarangense*）、桃（*Prunus persica*）
龙座林	荔枝（*Litchi chinensis*）、龙眼（*Dimocarpus longan*）、橄榄（*Canarium album*）、樟树（*Camphora officinarum*）、粉单竹（*Bambusa chungii*）、阳桃（*Averrhoa carambola*）、细叶榕（*Ficus microcarpa*）、高山榕（*Ficus altissima*）、黄皮（*Clausena lansium*）、朴树（*Celtis sinensis*）
庭院林	龙眼（*Dimocarpus longan*）、黄皮（*Clausena lansium*）、荔枝（*Litchi chinensis*）、番木瓜（*Carica papaya*）、桂花（*Osmanthus fragrans*）、朴树（*Celtis sinensis*）、杧果（*Mangifera indica*）、洋蒲桃（*Syzygium samarangense*）、番荔枝（*Annona squamosa*）、高山榕（*Ficus altissima*）

从水口林出现频率排在前10位的树种可以看出，人们喜爱在水口林空间栽植乡土常绿大乔木，乡土常绿大乔木具有抗逆性好、树冠广阔浓密、存活期长等特点。调查还发现许多乡村随着经济水平和绿化意识的提高，大量引入外来树种，如落羽杉、大王椰、凤凰木等观赏型树种，对水口林进行改造。

下垫林出现频率排在前10位的树种可食用性、耐湿性特征明显，由此可见，人们善于利用池塘水岸的水肥条件栽植各类乡土果树。同时伴有观赏树种，如池杉、洋紫荆、樟树等。

龙座林出现频率高的树种有荔枝、龙眼、橄榄等，可食用性特征明显。林木种类呈减少、单一化趋势，生物多样性低，主要原因：①本次调查的乡村位于城郊，经济利益驱使人们将部分龙座林改造成果林，长期受人为经营影响。②相关资料记载，广东大约自新石器时代的中、晚期至中华人民共和国成立为止，由于人口增长、农业生产发展和战争影响，使广东森林逐渐遭到破坏，原始天然林面积不断缩小，森林覆盖率明显降低，目前城郊乡村的龙座林多为修复后的人工次生林。③改革开放后乡村的规模扩张加重了对龙座林的人为干扰。

通过龙眼、黄皮、荔枝、番木瓜、桂花等庭院林高频树种可以看出，居民喜欢在房前屋后栽植果树及香花树种，且愿意选择寓意与福、禄、寿、喜、财、吉相关的树种。

（五）径级结构和高度结构分析

林木在不同径级、高度区段内的分布（图4-22、图4-23），与文化林类型有着密切的联系。水口林林木主要为Ⅴ级乔木，高度为5～20 m；下垫林林木主要为Ⅳ级乔木，高度为3.5～10.0 m；龙座林林木主要为Ⅳ、Ⅴ级乔木，高度为3.5～18.0 m；庭院林林木主要为Ⅳ级乔木，高度为2～5 m。结果表明，水口林虽得到较好的保护，但群落缺乏小径级乔木，难以进行健康的自然演替；下垫林因缺乏大径级乔木，群落抗逆性较差；龙座林以中大径级乔木为主，林木种类少，但林木种类少；庭院林各径级林木的数量平均且受人为干扰程度大，群落发展存在不可预见性。

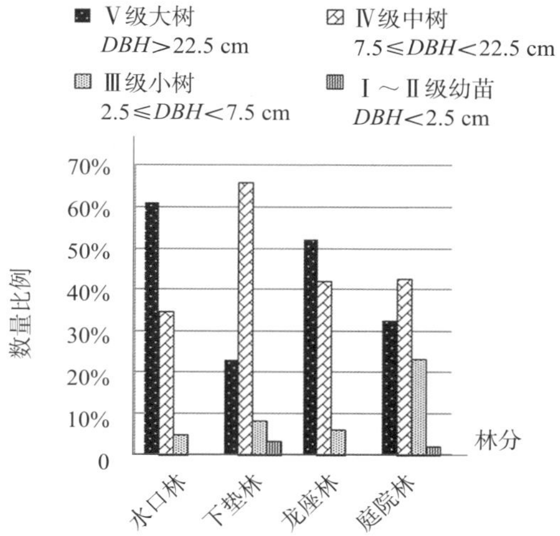

图4-22　林木在不同径级区段内的数量比例

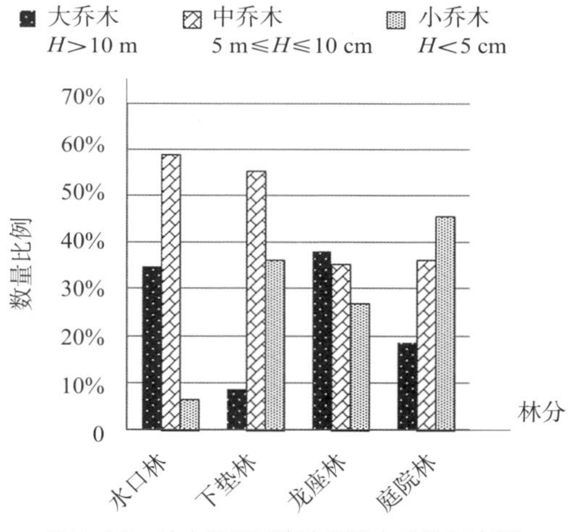

图4-23　林木在不同高度区段内的数量比例

（六）森林文化

人居型文化林作为先民受传统文化支配所营造和保护下来的生态环境，经过本土文化与外来文化长期的糅合发展，具历史延续性和多样性；珠三角特殊的地理条件使得森林与水环境密切相关，具有本土性和地域性；在人多地少的现实情况下，居民对森林的开发利用形式多样，具有多样性及灵活性；最终形成珠三角乡村独特的森林文化。其在物质、行为和精神层面的具体表现如表4-7所示。

表4-7　森林文化在物质、行为、精神层面的具体表现

层面 类型	物质层面	行为层面	精神层面
水口林	—	娱乐游憩、纳凉、晾晒、议事、举办民俗宗教活动等	水口林是乡村的“门户”，也是乡村盛衰荣辱的象征
	文学艺术作品如《广东新语·木语》（屈大均）：“榕易高大，广人多植作风水，墟落间榕树多者，地必兴。”	举办树木崇拜活动	树木文化如榕树、樟树文化中，榕树、樟树被视为“神树”，能保佑乡村和居民
	池塘、塔、桥等构筑物	—	池塘、水、塔、桥分别被视为墨砚池、墨汁、毛笔、笔架，组成文房四宝，反映出重商重文的传统
下垫林	埠头、古桥、洗衣台等	停泊、交通、洗濯、休闲游憩等	—
	茶点、艇仔粥	饮茶、食粥等具岭南特色的饮食文化	—
	疍家建筑	疍家人伴水而居，多以舟楫为家	咸水歌、水乡婚俗等被列为国家非物质文化遗产
龙座林	—	人们重视对龙座林的保护与民俗宗教活动等	人们相信龙座林会庇护村落
	杉木、坤甸木制龙船，龙船饭、龙船歌	龙舟竞渡：“浴佛节”把埋藏在河涌淤泥下的龙船挖出，清洗装扮后待用；“龙母诞”时开展龙舟竞渡活动	纪念先人，祈求农业丰收、风调雨顺、事事如意
	橄榄核雕	—	被列为国家非物质文化遗产
	凉茶	饮凉茶	被列为国家非物质文化遗产
	岭南传统医学疗法	—	被列为广东省非物质文化遗产
庭院林	岭南盆景	—	被列为广东省非物质文化遗产
	岭南园林，风格求实兼蓄，精巧秀丽	—	我国传统造园艺术的三大流派之一
	广府木雕	—	木雕寓意富贵吉祥，题材多为岭南地区的特色瓜果和生活场景
	粤曲《雨打芭蕉》	—	反映初夏时节，雨打芭蕉淅沥之声，富南国情趣

乡村长期以来的农业生产方法、生活方式，决定了其森林景观特征，奠定了乡村森林文化的基础，而森林文化也反作用于乡村生活的方方面面。经调查，水口林、龙座林对居民的影响更侧重于精神层面，它们被认为能庇护乡村，是一村一族居民盛衰荣辱的象征，衍生出许多民俗宗教活动，如祈福祭祀、树木崇拜、龙舟竞渡等。树木文化如榕树文化、樟树文化等也非常丰富。而下垫林、庭院林，则更多地影响着物质层面，如人们的生活习惯、饮食文化及艺术审美。目前，森林文化虽然在物质层面有留存，但是行为、精神层面的森林文化随着乡村森林环境的逐渐消逝，陷入传承和发展困局。

五、城市近郊文化林构建技术指引

本次调查基于珠三角9个城郊乡村的人居型文化林，其发展变化预示着乡村发展将要面临的情况。由乡村森林变化引发的森林文化传承发展问题，应该引起重视。

本次调查针对乡村人居森林环境遭破坏及森林文化消逝等问题，提出如下建议。

（1）加紧对珠三角乡村人居型文化林的调查研究，保存乡村传统风貌的相关资料，引导居民延续乡村传统空间布局与模式，注重人居型文化林的营建，传承、发展传统乡村建设智慧。

（2）加紧对乡村人居型文化林的修复，提高森林健康水平。对水口林的古树名木进行监测及保护，引种乡土中小径级林木，促进群落进行自然演替；恢复下垫林风貌；修复龙座林植物群落，引种乡土植物，恢复南亚热带季风常绿阔叶林风貌，提高生物多样性及群落稳定性；引导庭院林的建设，营造有序的庭院林景观。

（3）保护、营建乡土植物基因库，梳理生态、景观价值高的乡土树种，并对其进行培育推广，在乡村改造建设中加以运用。

（4）加强思想引导，提高居民对乡村森林的崇尚度及认同感，鼓励人们参与乡村森林建设及保护，加大对森林文化的宣传力度。利用新时代下的乡村振兴战略和美丽乡村建设带来的机遇，创造生态优美的乡村环境。

第五章

珠三角城市近郊景观林构建技术研究

一、研究地点与调查方法

本研究选取珠海市2008—2019年营建的生态景观林进行样地布设，总样地31块，其中乔木林样地26块、新造林样地5块，各样地造林时间及数量分别为东坑2013年（3块）、东坑2014年（3块）、正坑2014年（3块）、拱北将军山2012年（4块）、白沙岭2010年（3块）、板障山2010年（2块）、板障山2014年（3块）、板障山2015年（2块）、板障山2019年（1块）、湾仔2018年（4块）和黑白面将军山2008年（3块），各样地位置见图5-1。

在珠海市选取不同造林年限（2008—2019年）的生态景观林、碳汇林等地块进行标准地设置，共设置31块面积为0.06 hm^2（20 m × 30 m）的标准地，调查时，采用相邻格子法将每块样地划分成6个10 m × 10 m的小样方作为调查单元。对于样地内胸径≥5 cm的林木进行每木检尺，记录其树种、状态、胸径、冠幅、树高，以及坐标位置等信息。

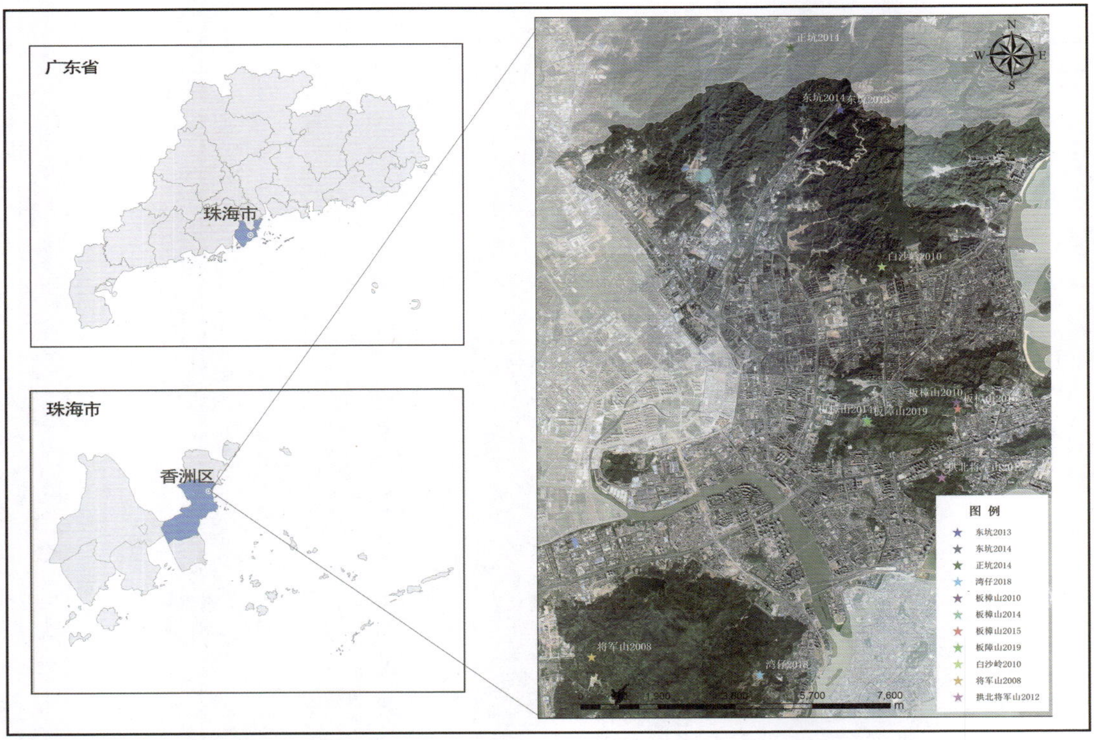

图5-1　珠海市各样地位置分布

二、种类组成分布

基于APG Ⅳ系统，珠海市2008—2019年营建的生态景观林植物的科、属、种分布如表5-1所示。经调查，样地共出现51种植物（表5-2），隶属22科45属，植物种类数量优势科依次为豆科（8属10种）、樟科（4属5种）、大戟科（3属3种）、金缕梅科（3属3种）、紫葳科（3属3种）、壳斗科（2属3种）、桃金娘科（2属3种）、木兰科（2属2种）、锦葵科（3属3种）、五加科（2属2种）、山茶科（2属2种）、杜英科（1属2种），共12科35属41种，分别占总科、属、种的54.5%、77.8%、80.4%。漆树科、冬青科等10个科为单属单种，占总科数的45.5%。

表5-1　珠海市2008—2019年生态景观林、碳汇林植物属、种数量

科名	属/种	科名	属/种
樟科（Lauraceae）	4/5	杜英科（Elaeocarpaceae）	1/2
大戟科（Euphorbiaceae）	3/3	漆树科（Anacardiaceae）	1/1
豆科（Fabaceae）	8/10	冬青科（Aquifoliaceae）	1/1
金缕梅科 （Hamamelidaceae）	3/3	紫草科（Boraginaceae）	1/1
紫葳科（Bignoniaceae）	3/3	芸香科（Rutaceae）	1/1
壳斗科（Fagaceae）	2/3	红豆杉科（Taxaceae）	1/1
桃金娘科（Myrtaceae）	2/3	柏科（Cupressaceae）	1/1
木兰科（Magnoliaceae）	2/2	松科（Pinaceae）	1/1
锦葵科（Malvaceae）	3/3	木犀科（Oleaceae）	1/1
五加科（Araliaceae）	2/2	叶下珠科（Phyllanthaceae）	1/1
山茶科（Theaceae）	2/2	金丝桃科（Hypericaceae）	1/1

表5-2 珠海市2008—2019年营建的生态景观林、碳汇林的主要乔木树种

树种	科	属	树种	科	属
木荷（*Schima superba*）	山茶科	木荷属	假苹婆（*Sterculia lanceolata*）	锦葵科	苹婆属
米老排（*Mytilaria laosensis*）	金缕梅科	壳菜果属	黄牛木（*Cratoxylum cochinchinense*）	金丝桃科	黄牛木属
南酸枣（*Choerospondias axillaris*）	漆树科	南酸枣属	千年桐（*Vernicia montana*）	大戟科	油桐属
翻白叶树（*Pterospermum heterophyllum*）	锦葵科	翅子树属	潺槁木姜子（*Litsea glutinosa*）	樟科	木姜子属
黧蒴锥（*Castanopsis fissa*）	壳斗科	锥属	红花荷（*Rhodoleia championii*）	金缕梅科	红花荷属
红锥（*Castanopsis hystrix*）	壳斗科	锥属	铁冬青（*Ilex rotunda*）	冬青科	冬青属
尾叶桉（*Eucalyptus urophylla*）	桃金娘科	桉属	枫香树（*Liquidambar formosana*）	金缕梅科	枫香树属
海南菜豆树（*Radermachera hainanensis*）	紫葳科	菜豆树属	厚壳树（*Ehretia acuminata*）	紫草科	厚壳树属
山乌桕（*Triadica cochinchinensis*）	大戟科	乌桕属	海南红豆（*Ormosia pinnata*）	豆科	红豆属
黄桐（*Endospermum chinense*）	大戟科	黄桐属	细叶桉（*Eucalyptus tereticornis*）	桃金娘科	桉属
青冈（*Quercus glauca*）	壳斗科	栎属	尖叶杜英（*Elaeocarpus rugosus*）	杜英科	杜英属
楝叶吴茱萸（*Tetradium glabrifolium*）	芸香科	吴茱萸属	山胡椒（*Lindera glauca*）	樟科	山胡椒属
樟树（*Camphora officinarum*）	樟科	樟属	海红豆（*Adenanthera microsperma*）	豆科	海红豆属
大叶相思（*Acacia auriculiformis*）	豆科	相思树属	红豆杉（*Taxus wallichiana* var. *chinensis*）	红豆杉科	红豆杉属
海南蒲桃（*Syzygium hainanense*）	桃金娘科	蒲桃属	南洋楹（*Falcataria falcata*）	豆科	南洋楹属
山杜英（*Elaeocarpus sylvestris*）	杜英科	杜英属	蓝花楹（*Jacaranda mimosifolia*）	紫葳科	蓝花楹属
台湾相思（*Acacia confusa*）	豆科	相思树属	杉木（*Cunninghamia lanceolata*）	柏科	杉木属
灰木莲（*Manglietia glauca*）	木兰科	木莲属	马尾松（*Pinus massoniana*）	松科	松属
醉香含笑（*Michelia macclurei*）	木兰科	含笑属	紫荆（*Cercis chinensis*）	豆科	紫荆属

续表

树种	科	属	树种	科	属
幌伞枫（*Heteropanax fragrans*）	五加科	幌伞枫属	女贞（*Ligustrum lucidum*）	木犀科	女贞属
鹅掌柴（*Heptapleurum heptaphyllum*）	五加科	鹅掌柴属	格木（*Erythrophleum fordii*）	豆科	格木属
火焰木（*Spathodea campanulata*）	紫葳科	火焰树属	华润楠（*Machilus chinensis*）	樟科	润楠属
秋枫（*Bischofia javanica*）	叶下珠科	秋枫属	美丽异木棉（*Ceiba speciosa*）	锦葵科	吉贝属
阴香（*Cinnamomum burmanni*）	樟科	樟属	仪花（*Lysidice rhodostegia*）	豆科	仪花属
降香黄檀（*Dalbergia odorifera*）	豆科	黄檀属	大头茶（*Polyspora axillaris*）	山茶科	大头茶属
马占相思（*Acacia mangium*）	豆科	相思树属	—	—	—

三、生长状况分析

对珠海市2008—2019年营建的生态景观林31个典型样地进行分析，其多度、平均胸径、平均地径及重要值见表5–3。乔木林中，重要值排前5的依次是木荷、大叶相思、红锥、山乌桕、醉香含笑（醉香含笑和翻白叶树重要值分别为4.81%和4.75%，表5–3中为四舍五入后的取值），重要值之和为36.8%。其中木荷的重要值最大，达12.3%，其相对多度、相对频度、相对显著度均较高，说明该树种在乔木林中占优势地位。重要值大于等于5.0%的有3个树种，小于5%的有44个树种。新造林中，重要值排前5的依次是火焰木、山乌桕、山杜英、灰木莲、铁冬青，重要值之和为67.8%。其中火焰木的重要值最大，达23.2%，其相对多度、相对频度、相对显著度均较高，说明该树种在新造林中占优势地位。新造林中，重要值大于5%的有6个树种，小于5%的有11个树种。

用以下公式计算各不同树种的重要值：

相对多度（RA）=（某个种的株数 ÷ 全部种的总株数）× 100%

相对盖度（RC）=（某个种的盖度 ÷ 所有种的盖度之和）× 100%

相对频度（RF）=（某个种的频度 ÷ 所有种的频度总和）× 100%

相对显著度（RD）=（某个种的断面积 ÷ 全部种的总断面积）× 100%

乔木重要值（IV）=（$RA+RD+RF$）÷ 300%

表5-3 珠海市2008—2019年样地各树种的多度、平均胸径、平均地径、重要值

树种	乔木林			新造林		
	多度	平均胸径/cm	重要值/%	多度	平均地径/cm	重要值/%
木荷（*Schima superba*）	312	10.47 ± 4.06	12.3	16	1.48 ± 0.58	3.2
米老排（*Mytilaria laosensis*）	85	11.84 ± 4.16	4.0	—	—	—
南酸枣（*Choerospondias axillaris*）	36	9.08 ± 4.04	2.0	—	—	—
翻白叶树（*Pterospermum heterophyllum*）	99	9.28 ± 3.44	4.8	—	—	—
黧蒴锥（*Castanopsis fissa*）	93	12.39 ± 3.77	4.4	—	—	—
红锥（*Castanopsis hystrix*）	108	10.06 ± 5.22	5.2	9	2.18 ± 0.62	1.7
尾叶桉（*Eucalyptus urophylla*）	10	13.64 ± 6.82	0.8	—	—	—
海南菜豆树（*Radermachera hainanensis*）	47	7.77 ± 2.17	2.1	10	7.25 ± 1.29	3.2
山乌桕（*Triadica cochinchinensis*）	88	10.36 ± 6.50	4.9	46	7.28 ± 2.37	15.2
黄桐（*Endospermum chinense*）	48	12.89 ± 4.48	3.1	—	—	—
青冈（*Quercus glauca*）	19	7.38 ± 2.33	0.9	—	—	—
楝叶吴茱萸（*Tetradium glabrifolium*）	71	9.95 ± 4.06	3.5	—	—	—
樟树（*Camphora officinarum*）	78	7.84 ± 2.93	3.4	—	—	—
大叶相思（*Acacia auriculiformis*）	114	18.47 ± 9.62	9.6	—	—	—
海南蒲桃（*Syzygium hainanense*）	32	10.37 ± 4.53	2.0	—	—	—
山杜英（*Elaeocarpus sylvestris*）	51	5.59 ± 2.69	2.2	61	4.26 ± 1.98	13.2
台湾相思（*Acacia confusa*）	58	14.41 ± 6.24	3.8	—	—	—
灰木莲（*Manglietia glauca*）	46	7.20 ± 2.36	1.5	40	3.12 ± 0.94	8.9
醉香含笑（*Michelia macclurei*）	121	9.16 ± 3.20	4.8	3	2.20 ± 0.37	1.1
幌伞枫（*Heteropanax fragrans*）	1	5.9	0.1	—	—	—
鹅掌柴（*Heptapleurum heptaphyllum*）	52	8.84 ± 3.41	2.7	—	—	—
火焰木（*Spathodea campanulata*）	5	5.6 ± 0.54	0.4	64	8.70 ± 2.76	23.2
秋枫（*Bischofia javanica*）	2	5.3 ± 0.3	0.1	—	—	—
阴香（*Cinnamomum burmanni*）	15	6.69 ± 2.44	0.8	—	—	—
降香黄檀（*Dalbergia odorifera*）	4	6.8 ± 3.86	0.3	—	—	—
马占相思（*Acacia mangium*）	5	30.44 ± 9.37	0.9	—	—	—

续表

树种	乔木林			新造林		
	多度	平均胸径/cm	重要值/%	多度	平均地径/cm	重要值/%
假苹婆（*Sterculia lanceolata*）	26	8.75 ± 3.19	1.3	12	4.82 ± 1.92	4.3
黄牛木（*Cratoxylum cochinchinense*）	8	9.29 ± 3.20	0.7	—	—	—
千年桐（*Vernicia montana*）	29	13.48 ± 5.49	1.9	6	10.02 ± 1.19	3.0
潺槁木姜子（*Litsea glutinosa*）	1	4.5	0.2	—	—	—
红花荷（*Rhodoleia championii*）	4	4.45 ± 0.56	0.3	3	1 ± 0.14	1.1
枫香树（*Liquidambar formosana*）	94	9.01 ± 3.39	3.8	21	3.77 ± 1.02	4.4
厚壳树（*Ehretia acuminata*）	8	9.13 ± 2.47	0.3	—	—	—
海南红豆（*Ormosia pinnata*）	46	12.34 ± 4.04	2.4	—	—	—
细叶桉（*Eucalyptus tereticornis*）	4	17.5 ± 6.61	0.5	—	—	—
尖叶杜英（*Elaeocarpus rugosus*）	7	4.61 ± 0.90	0.6	30	4.06 ± 1.08	5.8
山胡椒（*Lindera glauca*）	2	4.25 ± 0.45	0.1	—	—	—
海红豆（*Adenanthera microsperma*）	7	6.29 ± 1.09	0.4	—	—	—
红豆杉（*Taxus wallichiana* var. *chinensis*）	1	7.8	0.1	—	—	—
南洋楹（*Falcataria falcata*）	2	29.95 ± 9.55	0.5	—	—	—
蓝花楹（*Jacaranda mimosifolia*）	1	5.7	0.1	—	—	—
杉木（*Cunninghamia lanceolata*）	4	19.9 ± 3.87	0.4	—	—	—
紫荆（*Cercis chinensis*）	1	7.5	0.1	—	—	—
女贞（*Ligustrum lucidum*）	1	12.9	0.1	—	—	—
格木（*Erythrophleum fordii*）	9	5.84 ± 1.06	0.5	—	—	—
大头茶（*Polyspora axillaris*）	5	3.72 ± 1.02	0.4	—	—	—
马尾松（*Pinus massoniana*）	79	15.97 ± 4.76	4.7	—	—	—
铁冬青（*Ilex rotunda*）	—	—	—	31	3.48 ± 1.58	7.3
华润楠（*Machilus chinensis*）	—	—	—	8	1.23 ± 0.25	1.6
美丽异木棉（*Ceiba speciosa*）	—	—	—	2	4.8 ± 1	1.9
仪花（*Lysidice rhodostegia*）	—	—	—	1	0.07	0.9
合计	1939	—	—	363	—	—

（一）板障山2010年

经调查，样地共出现16种植物，隶属12科15属，植物种类数量优势科依次为壳斗科（2属3种）、大戟科（2属2种）、桃金娘科（2属2种），共3科6属7种，占总科、属、种的25.0%、40%、43.8%。山茶科、漆树科等9个科为单属单种，占总科数的75.0%，详见表5-4。

表5-4　板障山2010年造林主要乔木树种

序号	树种	拉丁学名	科	属
1	黧蒴锥	*Castanopsis fissa*	壳斗科	锥属
2	红锥	*Castanopsis hystrix*	壳斗科	锥属
3	青冈	*Quercus glauca*	壳斗科	栎属
4	山乌桕	*Triadica cochinchinensis*	大戟科	乌桕属
5	黄桐	*Endospermum chinense*	大戟科	黄桐属
6	海南蒲桃	*Syzygium hainanense*	桃金娘科	蒲桃属
7	尾叶桉	*Eucalyptus urophylla*	桃金娘科	桉属
8	楝叶吴茱萸	*Tetradium glabrifolium*	芸香科	吴茱萸属
9	海南菜豆树	*Radermachera hainanensis*	紫葳科	菜豆树属
10	翻白叶树	*Pterospermum heterophyllum*	锦葵科	翅子树属
11	大叶相思	*Acacia auriculiformis*	豆科	相思树属
12	山杜英	*Elaeocarpus sylvestris*	杜英科	杜英属
13	米老排	*Mytilaria laosensis*	金缕梅科	壳菜果属
14	南酸枣	*Choerospondias axillaris*	漆树科	南酸枣属
15	木荷	*Schima superba*	山茶科	木荷属
16	樟树	*Camphora officinarum*	樟科	樟属

重要值排前5的依次是木荷、海南菜豆树、山乌桕、樟树、南酸枣，重要值之和为70.8%。其中木荷的重要值最大，达49.1%，说明该树种占优势地位。海南菜豆树重要值排第2，但平均胸径较小，说明海南菜豆树株数较多，但缺少大径材植株。重要值大于5.0%的有2个物种，重要值小于5.0%的有14个物种，详见表5-5。

表5-5　板障山2010年各树种多度、平均胸径、重要值

序号	树种	多度	平均胸径/cm	重要值/%
1	木荷（*Schima superba*）	89	13.67±3.87	49.1
2	海南菜豆树（*Radermachera hainanensis*）	14	7.78±2.46	7.7
3	山乌桕（*Triadica cochinchinensis*）	3	13.53±7.05	4.8
4	樟树（*Camphora officinarum*）	9	8.53 ± 3.71	4.8
5	南酸枣（*Choerospondias axillaris*）	4	6.53 ± 1.62	4.4
6	黄桐（*Endospermum chinense*）	2	10.9 ± 1.41	4.0
7	海南蒲桃（*Syzygium hainanense*）	6	9.6 ± 3.31	3.8
8	青冈（*Quercus glauca*）	5	7.32 ± 1.46	3.1
9	大叶相思（*Acacia auriculiformis*）	2	18.4 ± 4.38	3.0
10	翻白叶树（*Pterospermum heterophyllum*）	3	11.37 ± 5.59	2.9
11	尾叶桉（*Eucalyptus urophylla*）	1	20.8	2.4
12	楝叶吴茱萸（*Tetradium glabrifolium*）	2	10.2 ± 0.42	2.4
13	黧蒴锥（*Castanopsis fissa*）	1	9.2	1.9
14	米老排（*Mytilaria laosensis*）	1	8.8	1.9
15	红锥（*Castanopsis hystrix*）	1	6.4	1.9
16	山杜英（*Elaeocarpus sylvestris*）	1	4.4	1.9
	合计	144	—	—

（二）板障山2014年

经调查，样地共出现24种植物，隶属14科20属，植物种类数量优势科依次为豆科（2属4种）、大戟科（3属3种）、锦葵科（2属2种）、五加科（2属2种）、木兰科（2属2种）、壳斗科（1属2种）、樟科（1属2种），共7科13属17种，占总科、属、种的50.0%、65.0%、70.8%。山茶科、漆树科等7个科为单属单种，占总科数的50.0%，详见表5-6。

表5-6　板障山2014年造林主要乔木树种

序号	树种	拉丁学名	科	属
1	大叶相思	*Acacia auriculiformis*	豆科	相思树属
2	马占相思	*Acacia mangium*	豆科	相思树属
3	台湾相思	*Acacia confusa*	豆科	相思树属
4	降香黄檀	*Dalbergia odorifera*	豆科	黄檀属
5	黄桐	*Endospermum chinense*	大戟科	黄桐属
6	千年桐	*Vernicia montana*	大戟科	油桐属
7	山乌桕	*Triadica cochinchinensis*	大戟科	乌桕属
8	翻白叶树	*Pterospermum heterophyllum*	锦葵科	翅子树属
9	假苹婆	*Sterculia lanceolata*	锦葵科	苹婆属
10	红锥	*Castanopsis hystrix*	壳斗科	锥属
11	黧蒴锥	*Castanopsis fissa*	壳斗科	锥属
12	灰木莲	*Manglietia glauca*	木兰科	木莲属
13	醉香含笑	*Michelia macclurei*	木兰科	含笑属
14	鹅掌柴	*Heptapleurum heptaphyllum*	五加科	鹅掌柴属
15	幌伞枫	*Heteropanax fragrans*	五加科	幌伞枫属
16	樟树	*Camphora officinarum*	樟科	樟属
17	阴香	*Cinnamomum burmanni*	樟科	樟属
18	米老排	*Mytilaria laosensis*	金缕梅科	壳菜果属
19	火焰木	*Spathodea campanulata*	紫葳科	火焰树属
20	楝叶吴茱萸	*Tetradium glabrifolium*	芸香科	吴茱萸属
21	黄牛木	*Cratoxylum cochinchinense*	金丝桃科	黄牛木属
22	南酸枣	*Choerospondias axillaris*	漆树科	南酸枣属
23	木荷	*Schima superba*	山茶科	木荷属
24	秋枫	*Bischofia javanica*	叶下珠科	秋枫属

重要值排前5的依次是台湾相思、灰木莲、大叶相思、翻白叶树、醉香含笑，重要值之和为48.6%。其中台湾相思的重要值最大，达13.3%，说明该树种占优势

地位。重要值大于等于5.0%的有8个树种，小于5.0%的有16个树种，详见表5–7。

表5–7　板障山2014年各树种多度、平均胸径、重要值

序号	树种	多度	平均胸径/cm	重要值/%
1	台湾相思（*Acacia confusa*）	25	16.65 ± 6.82	13.3
2	灰木莲（*Manglietia glauca*）	40	7.22 ± 2.54	10.1
3	大叶相思（*Acacia auriculiformis*）	12	21.42 ± 9.31	9.8
4	翻白叶树（*Pterospermum heterophyllum*）	20	10.24 ± 3.02	7.8
5	醉香含笑（*Michelia macclurei*）	29	6.74 ± 2.31	7.6
6	木荷（*Schima superba*）	17	8.68 ± 3.86	6.6
7	马占相思（*Acacia mangium*）	4	32.13 ± 11.29	5.8
8	鹅掌柴（*Heptapleurum heptaphyllum*）	11	7.81 ± 2.75	5.0
9	黄桐（*Endospermum chinense*）	5	14.76 ± 4.92	3.6
10	阴香（*Cinnamomum burmanni*）	9	7.31 ± 2.22	3.6
11	红锥（*Castanopsis hystrix*）	11	9.31 ± 3.42	3.6
12	南酸枣（*Choerospondias axillaris*）	12	7.99 ± 2.45	3.5
13	山乌桕（*Triadica cochinchinensis*）	3	15.80 ± 1.06	2.9
14	火焰木（*Spathodea campanulata*）	4	5.63 ± 0.70	2.5
15	千年桐（*Vernicia montana*）	3	18.50 ± 7.31	2.4
16	樟树（*Camphora officinarum*）	2	6.25 ± 0.64	2.1
17	黄牛木（*Cratoxylum cochinchinense*）	4	9.85 ± 4.45	1.9
18	楝叶吴茱萸（*Tetradium glabrifolium*）	1	18.30	1.3
19	黧蒴锥（*Castanopsis fissa*）	1	18.20	1.3
20	秋枫（*Bischofia javanica*）	2	5.30 ± 0.42	1.2
21	海南菜豆树（*Radermachera hainanensis*）	1	9.20	1.1
22	幌伞枫（*Heteropanax fragrans*）	1	5.90	1.0
23	降香黄檀（*Dalbergia odorifera*）	1	5.10	1.0
24	假苹婆（*Sterculia lanceolata*）	1	4.70	1.0
	合计	219	—	—

（三）板障山2015年

经调查，样地共出现15种植物，隶属10科13属，植物种类数量优势科依次为豆科（1属3种）、桃金娘科（2属2种）、大戟科（2属2种）、樟科（2属2种），共4科7属9种，分别占总科、属、种的40.0%、53.8%、60.0%。山茶科、漆树科等6个科为单属单种，占总科数的60.0%，详见表5-8。

表5-8 板障山2015年造林主要乔木树种

序号	树种	拉丁学名	科	属
1	大叶相思	*Acacia auriculiformis*	豆科	相思树属
2	马占相思	*Acacia mangium*	豆科	相思树属
3	台湾相思	*Acacia confusa*	豆科	相思树属
4	海南蒲桃	*Syzygium hainanense*	桃金娘科	蒲桃属
5	尾叶桉	*Eucalyptus urophylla*	桃金娘科	桉属
6	千年桐	*Vernicia montana*	大戟科	油桐属
7	山乌桕	*Triadica cochinchinensis*	大戟科	乌桕属
8	潺槁树	*Litsea glutinosa*	樟科	木姜子属
9	樟树	*Camphora officinarum*	樟科	樟属
10	翻白叶树	*Pterospermum heterophyllum*	锦葵科	翅子树属
11	醉香含笑	*Michelia macclurei*	木兰科	含笑属
12	山杜英	*Elaeocarpus sylvestris*	杜英科	杜英属
13	南酸枣	*Choerospondias axillaris*	漆树科	南酸枣属
14	木荷	*Schima superba*	山茶科	木荷属
15	红锥	*Castanopsis hystrix*	壳斗科	锥属

重要值排前5的依次是木荷、大叶相思、山乌桕、红锥、山杜英，重要值之和为69.9%。其中木荷的重要值最大，达24.6%，说明该树种占优势地位。重要值大于5.0%的有6个树种，小于5.0%的有9个树种，详见表5-9。

表5-9　板障山2015年各树种多度、平均胸径、重要值

序号	树种	多度	平均胸径/cm	重要值/%
1	木荷（*Schima superba*）	42	11.41 ± 3.91	24.6
2	大叶相思（*Acacia auriculiformis*）	20	12.94 ± 5.67	15.1
3	山乌桕（*Triadica cochinchinensis*）	26	9.44 ± 3.90	13.7
4	红锥（*Castanopsis hystrix*）	22	4.41 ± 1.28	8.3
5	山杜英（*Elaeocarpus sylvestris*）	23	3.78 ± 0.85	8.2
6	翻白叶树（*Pterospermum heterophyllum*）	8	6.36 ± 2.61	5.2
7	台湾相思（*Acacia confusa*）	4	7.8 ± 3.21	4.2
8	千年桐（*Vernicia montana*）	3	8 ± 2.10	3.8
9	樟树（*Camphora officinarum*）	3	3.07 ± 0.90	3.5
10	尾叶桉（*Eucalyptus urophylla*）	5	7.72 ± 3.27	3.2
11	马占相思（*Acacia mangium*）	1	23.7	2.8
12	海南蒲桃（*Syzygium hainanense*）	3	7.2 ± 1.54	2.4
13	南酸枣（*Choerospondias axillaris*）	1	9.4	1.8
14	潺槁树（*Litsea glutinosa*）	1	4.5	1.6
15	醉香含笑（*Michelia macclurei*）	1	4.4	1.6
	合计	163	—	—

（四）板障山2019年

经调查，样地共出现6种植物，隶属6科6属，山茶科、杜英科等6个科全为单属单种，详见表5-10。

表5-10　板障山2019年造林主要乔木树种

序号	树种	拉丁学名	科	属
1	木荷	*Schima superba*	山茶科	木荷属
2	山乌桕	*Triadica cochinchinensis*	大戟科	乌桕属
3	山杜英	*Elaeocarpus sylvestris*	杜英科	杜英属
4	灰木莲	*Manglietia glauca*	木兰科	木莲属
5	红花荷	*Rhodoleia championii*	金缕梅科	红花荷属
6	铁冬青	*Ilex rotunda*	冬青科	冬青属

重要值排前5的依次是灰木莲、木荷、山杜英、山乌桕、红花荷，重要值之和为92.2%。其中灰木莲的重要值最大，达41.0%，说明该树种占优势地位。该样地所有树种的重要值均大于5.0%，详见表5–11。

表5–11　板障山2019年各树种多度、平均胸径、重要值

序号	树种	多度	平均胸径/cm	重要值/%
1	灰木莲（*Manglietia glauca*）	18	3.67 ± 1.43	41.0
2	木荷（*Schima superba*）	14	1.87 ± 0.90	20.0
3	山杜英（*Elaeocarpus sylvestris*）	8	1.21 ± 0.74	12.3
4	山乌桕（*Triadica cochinchinensis*）	3	3.67 ± 0.47	11.0
5	红花荷（*Rhodoleia championii*）	3	1.00 ± 0.17	7.9
6	铁冬青（*Ilex rotunda*）	3	0.87 ± 0.35	7.8
	合计	49	—	—

（五）白沙岭2010年

经调查，样地共出现15种植物，隶属11科14属，植物种类数量优势科依次为豆科（2属3种）、大戟科（2属2种）、锦葵科（2属2种），共3科6属7种，分别占总科、属、种的27.3%、42.9%、46.7%。山茶科、漆树科等8个科为单属单种，占总科数的72.7%，详见表5–12。

表5–12　白沙岭2010年造林主要乔木树种

序号	树种	拉丁学名	科	属
1	大叶相思	*Acacia auriculiformis*	豆科	相思树属
2	台湾相思	*Acacia confusa*	豆科	相思树属
3	海南红豆	*Ormosia pinnata*	豆科	红豆属
4	黄桐	*Endospermum chinense*	大戟科	黄桐属
5	山乌桕	*Triadica cochinchinensis*	大戟科	乌桕属
6	翻白叶树	*Pterospermum heterophyllum*	锦葵科	翅子树属
7	假苹婆	*Sterculia lanceolata*	锦葵科	苹婆属
8	黄牛木	*Cratoxylum cochinchinense*	金丝桃科	黄牛木属
9	南酸枣	*Choerospondias axillaris*	漆树科	南酸枣属

续表

序号	树种	拉丁学名	科	属
10	鹅掌柴	*Heptapleurum heptaphyllum*	五加科	鹅掌柴属
11	枫香树	*Liquidambar formosana*	金缕梅科	枫香树属
12	厚壳树	*Ehretia acuminata*	紫草科	厚壳树属
13	细叶桉	*Eucalyptus tereticornis*	桃金娘科	桉属
14	马尾松	*Pinus massoniana*	松科	松属
15	木荷	*Schima superba*	山茶科	木荷属

重要值排前5的依次是海南红豆、木荷、马尾松、枫香树、大叶相思，重要值之和为68.2%。其中海南红豆的重要值最大，达16.9%，说明该树种占优势地位。重要值大于5.0%的有6个树种，小于5.0%的有9个树种，详见表5-13。

表5-13　白沙岭2010年各树种多度、平均胸径、重要值

序号	树种	多度	平均胸径/cm	重要值/%
1	海南红豆（*Ormosia pinnata*）	42	12.85 ± 3.89	16.9
2	木荷（*Schima superba*）	44	9.53 ± 2.70	14.2
3	马尾松（*Pinus massoniana*）	29	15.8 ± 3.85	14.0
4	枫香树（*Liquidambar formosana*）	45	8.81 ± 2.66	13.9
5	大叶相思（*Acacia auriculiformis*）	11	20.21 ± 6.96	9.2
6	台湾相思（*Acacia confusa*）	8	11.59 ± 3.01	5.6
7	细叶桉（*Eucalyptus tereticornis*）	5	18.7 ± 7.13	4.8
8	翻白叶树（*Pterospermum heterophyllum*）	5	8.16 ± 1.61	4.3
9	山乌桕（*Triadica cochinchinensis*）	4	6.95 ± 0.83	4.0
10	鹅掌柴（*Heptapleurum heptaphyllum*）	8	8.64 ± 2.19	4.0
11	厚壳树（*Ehretia acuminata*）	8	9.13 ± 2.64	3.0
12	黄桐（*Endospermum chinense*）	2	14.2 ± 0.14	1.8
13	南酸枣（*Choerospondias axillaris*）	1	22.6	1.7
14	假苹婆（*Sterculia lanceolata*）	1	9.6	1.3
15	黄牛木（*Cratoxylum cochinchinense*）	1	6.6	1.3
	合计	214	—	—

（六）东坑2013年

经调查，样地共出现20种植物，隶属14科18属，植物种类数量优势科依次为大戟科（3属3种）、金缕梅科（2属2种）、木兰科（2属2种）、杜英科（1属2种）、壳斗科（1属2种），共5科9属11种，分别占总科、属、种的35.7%、50.0%、55.0%。金丝桃科、漆树科等9个科为单属单种，占总科数的64.3%，详见表5–14。

表5–14　东坑2013年造林主要乔木树种

序号	树种	拉丁学名	科	属
1	黄桐	*Endospermum chinense*	大戟科	黄桐属
2	千年桐	*Vernicia montana*	大戟科	油桐属
3	山乌桕	*Triadica cochinchinensis*	大戟科	乌桕属
4	尖叶杜英	*Elaeocarpus rugosus*	杜英科	杜英属
5	山杜英	*Elaeocarpus sylvestris*	杜英科	杜英属
6	红锥	*Castanopsis hystrix*	壳斗科	锥属
7	黧蒴锥	*Castanopsis fissa*	壳斗科	锥属
8	灰木莲	*Manglietia glauca*	木兰科	木莲属
9	醉香含笑	*Michelia macclurei*	木兰科	含笑属
10	米老排	*Mytilaria laosensis*	金缕梅科	壳菜果属
11	枫香树	*Liquidambar formosana*	金缕梅科	枫香树属
12	楝叶吴茱萸	*Tetradium glabrifolium*	芸香科	吴茱萸属
13	大叶相思	*Acacia auriculiformis*	豆科	相思树属
14	翻白叶树	*Pterospermum heterophyllum*	锦葵科	翅子树属
15	海南蒲桃	*Syzygium hainanense*	桃金娘科	蒲桃属
16	黄牛木	*Cratoxylum cochinchinense*	金丝桃科	黄牛木属
17	南酸枣	*Choerospondias axillaris*	漆树科	南酸枣属
18	马尾松	*Pinus massoniana*	松科	松属
19	鹅掌柴	*Heptapleurum heptaphyllum*	五加科	鹅掌柴属
20	樟树	*Camphora officinarum*	樟科	樟属

重要值排前5的依次是醉香含笑、大叶相思、红锥、山乌桕、米老排，重要值之和为64.3%。其中醉香含笑的重要值最大，达18.6%，说明该树种占优势地位。重要值大于5.0%的有5个树种，小于5.0%的有15个树种，详见表5-15。

表5-15　东坑2013年各树种多度、平均胸径、重要值

序号	树种	多度	平均胸径/cm	重要值/%
1	醉香含笑（*Michelia macclurei*）	57	10.87 ± 2.83	18.6
2	大叶相思（*Acacia auriculiformis*）	22	18.81 ± 7.94	14.8
3	红锥（*Castanopsis hystrix*）	28	12.83 ± 4.61	13.2
4	山乌桕（*Triadica cochinchinensis*）	35	9.83 ± 1.73	12.4
5	米老排（*Mytilaria laosensis*）	10	11.83 ± 2.95	5.3
6	山杜英（*Elaeocarpus sylvestris*）	11	7.64 ± 1.77	4.6
7	黄桐（*Endospermum chinense*）	8	12.85 ± 3.52	3.8
8	樟树（*Camphora officinarum*）	12	7.55 ± 1.78	3.7
9	灰木莲（*Manglietia glauca*）	6	7.08 ± 1.04	3.5
10	南酸枣（*Choerospondias axillaris*）	6	11.5 ± 4.11	3.0
11	尖叶杜英（*Elaeocarpus rugosus*）	4	5.05 ± 0.75	3.0
12	马尾松（*Pinus massoniana*）	2	16.55 ± 5.30	2.0
13	海南蒲桃（*Syzygium hainanense*）	3	6.57 ± 0.78	1.7
14	千年桐（*Vernicia montana*）	2	11.4 ± 3.25	1.7
15	枫香树（*Liquidambar formosana*）	3	6.37 ± 0.75	1.7
16	黧蒴锥（*Castanopsis fissa*）	2	11.4 ± 1.70	1.7
17	翻白叶树（*Pterospermum heterophyllum*）	2	8.9	1.4
18	楝叶吴茱萸（*Tetradium glabrifolium*）	1	7.3	1.3
19	黄牛木（*Cratoxylum cochinchinense*）	1	6.8	1.3
20	鹅掌柴（*Heptapleurum heptaphyllum*）	1	5.4	1.3
	合计	216	—	—

（七）东坑2014年

经调查，样地共出现20种植物，隶属13科18属，植物种类数量优势科依次为金缕梅科（3属3种）、大戟科（2属2种）、桃金娘科（2属2种）、樟科（2属2种）、豆科（1属2种）、壳斗科（1属2种），共6科11属13种，分别占总科、属、种的46.2%、61.1%、65.0%。山茶科、杜英科等7个科为单属单种，占总科数的53.8%，详见表5-16。

表5-16　东坑2014年造林主要乔木树种

序号	树种	拉丁学名	科	属
1	红花荷	*Rhodoleia championii*	金缕梅科	红花荷属
2	米老排	*Mytilaria laosensis*	金缕梅科	壳菜果属
3	枫香树	*Liquidambar formosana*	金缕梅科	枫香树属
4	海南蒲桃	*Syzygium hainanense*	桃金娘科	蒲桃属
5	尾叶桉	*Eucalyptus urophylla*	桃金娘科	桉属
6	大叶相思	*Acacia auriculiformis*	豆科	相思树属
7	台湾相思	*Acacia confusa*	豆科	相思树属
8	千年桐	*Vernicia montana*	大戟科	油桐属
9	山乌桕	*Triadica cochinchinensis*	大戟科	乌桕属
10	黧蒴锥	*Castanopsis fissa*	壳斗科	锥属
11	红锥	*Castanopsis hystrix*	壳斗科	锥属
12	山胡椒	*Lindera glauca*	樟科	山胡椒属
13	阴香	*Cinnamomum burmanni*	樟科	樟属
14	楝叶吴茱萸	*Tetradium glabrifolium*	芸香科	吴茱萸属
15	醉香含笑	*Michelia macclurei*	木兰科	含笑属
16	山杜英	*Elaeocarpus sylvestris*	杜英科	杜英属
17	假苹婆	*Sterculia lanceolata*	锦葵科	苹婆属
18	鹅掌柴	*Heptapleurum heptaphyllum*	五加科	鹅掌柴属
19	马尾松	*Pinus massoniana*	松科	松属
20	木荷	*Schima superba*	山茶科	木荷属

重要值排前5的依次是马尾松、大叶相思、千年桐、木荷、黧蒴锥，重要值之和为56.4%。其中马尾松的重要值最大，达18.1%，其多度、平均胸径均较高，说明该树种占优势地位。重要值大于等于5.0%的有7个树种，小于5.0%的有13个树种，详见表5-17。

表5-17　东坑2014年各树种多度、平均胸径、重要值

序号	树种	多度	平均胸径/cm	重要值/%
1	马尾松（*Pinus massoniana*）	36	16.26 ± 4.41	18.1
2	大叶相思（*Acacia auriculiformis*）	19	18.94 ± 12.07	14.5
3	千年桐（*Vernicia montana*）	19	12.61 ± 4.20	9.3
4	木荷（*Schima superba*）	22	6.28 ± 1.33	7.4
5	黧蒴锥（*Castanopsis fissa*）	19	12.31 ± 2.82	7.1
6	鹅掌柴（*Heptapleurum heptaphyllum*）	13	7.38 ± 2.17	5.7
7	红锥（*Castanopsis hystrix*）	9	8.41 ± 2.67	5.0
8	枫香树（*Liquidambar formosana*）	15	7.18 ± 2.67	4.3
9	米老排（*Mytilaria laosensis*）	13	8.25 ± 1.40	4.0
10	山乌桕（*Triadica cochinchinensis*）	6	9.08 ± 7.87	3.7
11	醉香含笑（*Michelia macclurei*）	5	6.46 ± 2.04	3.0
12	海南蒲桃（*Syzygium hainanense*）	4	7.18 ± 2.55	2.8
13	山杜英（*Elaeocarpus sylvestris*）	9	6.11 ± 1.68	2.8
14	红花荷（*Rhodoleia championii*）	4	4.45 ± 0.65	2.6
15	台湾相思（*Acacia confusa*）	2	7.2 ± 2.12	2.3
16	尾叶桉（*Eucalyptus urophylla*）	2	18.6 ± 6.51	2.0
17	阴香（*Cinnamomum burmanni*）	3	5.47 ± 0.96	1.5
18	假苹婆（*Sterculia lanceolata*）	2	6.25 ± 0.92	1.4
19	山胡椒（*Lindera glauca*）	2	4.25 ± 0.64	1.3
20	楝叶吴茱萸（*Tetradium glabrifolium*）	1	8.1	1.2
	合计	205	—	—

（八）黑白面将军山2008年

经调查，样地共出现22种植物，隶属11科18属，植物种类数量优势科依次为豆科（4属5种）、壳斗科（2属3种）、大戟科（2属2种）、山茶科（2属2种）、金缕梅科（2属2种）、杜英科（1属2种）、樟科（1属2种），共7科14属18种，分别占总科、属、种的63.6%、77.8%、81.8%。漆树科等4个科为单属单种，占总科数的36.4%，详见表5-18。

表5-18 黑白面将军山2008年造林主要乔木树种

序号	树种	拉丁学名	科	属
1	大叶相思	*Acacia auriculiformis*	豆科	相思树属
2	台湾相思	*Acacia confusa*	豆科	相思树属
3	海南红豆	*Ormosia pinnata*	豆科	红豆属
4	降香黄檀	*Dalbergia odorifera*	豆科	黄檀属
5	格木	*Erythrophleum fordii*	豆科	格木属
6	红锥	*Castanopsis hystrix*	壳斗科	锥属
7	黧蒴锥	*Castanopsis fissa*	壳斗科	锥属
8	青冈	*Quercus glauca*	壳斗科	栎属
9	大头茶	*Polyspora axillaris*	山茶科	大头茶属
10	木荷	*Schima superba*	山茶科	木荷属
11	黄桐	*Endospermum chinense*	大戟科	黄桐属
12	山乌桕	*Triadica cochinchinensis*	大戟科	乌桕属
13	尖叶杜英	*Elaeocarpus rugosus*	杜英科	杜英属
14	山杜英	*Elaeocarpus sylvestris*	杜英科	杜英属
15	樟树	*Camphora officinarum*	樟科	樟属
16	阴香	*Cinnamomum burmanni*	樟科	樟属
17	枫香树	*Liquidambar formosana*	金缕梅科	枫香树属
18	米老排	*Mytilaria laosensis*	金缕梅科	壳菜果属
19	楝叶吴茱萸	*Tetradium glabrifolium*	芸香科	吴茱萸属
20	翻白叶树	*Pterospermum heterophyllum*	锦葵科	翅子树属
21	醉香含笑	*Michelia macclurei*	木兰科	含笑属
22	南酸枣	*Choerospondias axillaris*	漆树科	南酸枣属

重要值排前5的依次是红锥、木荷、黧蒴锥、楝叶吴茱萸、樟树，重要值之和为48.1%。其中红锥的重要值最大，达12.5%，说明该树种占优势地位。重要值大于等于5.0%的有10个树种，小于5.0%的有12个树种，详见表5–19。

表5–19　黑白面将军山2008年各树种多度、平均胸径、重要值

序号	树种	多度	平均胸径/cm	重要值/%
1	红锥（*Castanopsis hystrix*）	29	11.76 ± 5.89	12.5
2	木荷（*Schima superba*）	33	8.41 ± 2.81	9.7
3	黧蒴锥（*Castanopsis fissa*）	19	12.84 ± 5.16	9.4
4	楝叶吴茱萸（*Tetradium glabrifolium*）	32	7.16 ± 2.27	8.5
5	樟树（*Camphora officinarum*）	27	8.71 ± 3.38	8.0
6	黄桐（*Endospermum chinense*）	16	9.7 ± 2.29	6.2
7	米老排（*Mytilaria laosensis*）	17	7.40 ± 2.33	5.6
8	南酸枣（*Choerospondias axillaris*）	12	8.66 ± 3.91	5.0
9	青冈（*Quercus glauca*）	14	7.41 ± 2.70	5.0
10	大叶相思（*Acacia auriculiformis*）	10	10.22 ± 4.21	5.0
11	醉香含笑（*Michelia macclurei*）	13	7.95 ± 1.88	4.9
12	台湾相思（*Acacia confusa*）	9	12.79 ± 3.59	4.7
13	大头茶（*Polyspora axillaris*）	5	3.72 ± 1.14	2.8
14	格木（*Erythrophleum fordii*）	8	5.58 ± 0.83	2.7
15	枫香树（*Liquidambar formosana*）	6	4.72 ± 1.08	2.3
16	山杜英（*Elaeocarpus sylvestris*）	4	5.25 ± 2.57	1.4
17	降香黄檀（*Dalbergia odorifera*）	3	7.37 ± 5.28	1.4
18	海南红豆（*Ormosia pinnata*）	2	7.8 ± 0.14	1.1
19	山乌桕（*Triadica cochinchinensis*）	1	11.8	1.0
20	翻白叶树（*Pterospermum heterophyllum*）	1	11.2	1.0
21	阴香（*Cinnamomum burmanni*）	2	3.5 ± 0.14	1.0
22	尖叶杜英（*Elaeocarpus rugosus*）	1	3.7	0.8
	合计	264	—	—

（九）拱北将军山2012年

经调查，样地共出现27种植物，隶属15科23属，植物种类数量优势科依次为豆科（4属5种）、紫葳科（3属3种）、大戟科（2属2种）、锦葵科（2属2种）、桃金娘科（2属2种）、杜英科（1属2种）、壳斗科（1属2种）、樟科（1属2种），共8科16属20种，分别占总科、属、种的53.3%、69.6%、74.1%。芸香科、木兰科等7个科为单属单种，占总科数的46.7%，详见表5-20。

表5-20 拱北将军山2012年造林主要乔木树种

序号	树种	拉丁学名	科	属
1	大叶相思	*Acacia auriculiformis*	豆科	相思树属
2	台湾相思	*Acacia confusa*	豆科	相思树属
3	海红豆	*Adenanthera microsperma*	豆科	海红豆属
4	海南红豆	*Ormosia pinnata*	豆科	红豆属
5	南洋楹	*Falcataria falcata*	豆科	南洋楹属
6	海南菜豆树	*Radermachera hainanensis*	紫葳科	菜豆树属
7	火焰木	*Spathodea campanulata*	紫葳科	火焰树属
8	蓝花楹	*Jacaranda mimosifolia*	紫葳科	蓝花楹属
9	尖叶杜英	*Elaeocarpus rugosus*	杜英科	杜英属
10	山杜英	*Elaeocarpus sylvestris*	杜英科	杜英属
11	黄桐	*Endospermum chinense*	大戟科	黄桐属
12	山乌桕	*Triadica cochinchinensis*	大戟科	乌桕属
13	翻白叶树	*Pterospermum heterophyllum*	锦葵科	翅子树属
14	假苹婆	*Sterculia lanceolata*	锦葵科	苹婆属
15	红锥	*Castanopsis hystrix*	壳斗科	锥属
16	黧蒴锥	*Castanopsis fissa*	壳斗科	锥属
17	海南蒲桃	*Syzygium hainanense*	桃金娘科	蒲桃属
18	尾叶桉	*Eucalyptus urophylla*	桃金娘科	桉属

续表

序号	树种	拉丁学名	科	属
19	樟树	*Camphora officinarum*	樟科	樟属
20	阴香	*Cinnamomum burmanni*	樟科	樟属
21	楝叶吴茱萸	*Tetradium glabrifolium*	芸香科	吴茱萸属
22	醉香含笑	*Michelia macclurei*	木兰科	含笑属
23	马尾松	*Pinus massoniana*	松科	松属
24	红豆杉	*Taxus wallichiana* var. *chinensis*	红豆杉科	红豆杉属
25	鹅掌柴	*Heptapleurum heptaphyllum*	五加科	鹅掌柴属
26	枫香树	*Liquidambar formosana*	金缕梅科	枫香树属
27	木荷	*Schima superba*	山茶科	木荷属

重要值排前5的依次是大叶相思、黧蒴锥、木荷、翻白叶树、楝叶吴茱萸，重要值之和为52.9%。其中大叶相思和黧蒴锥的重要值达12.1%，占优势地位。重要值大于5.0%的有5个树种，小于5.0%的有22个树种，详见表5-21。

表5-21　拱北将军山2012年各树种多度、平均胸径、重要值

序号	树种	多度	平均胸径/cm	重要值/%
1	大叶相思（*Acacia auriculiformis*）	17	24.95 ± 11.80	12.1
2	黧蒴锥（*Castanopsis fissa*）	52	12.24 ± 3.57	12.1
3	木荷（*Schima superba*）	59	8.99 ± 3.29	11.6
4	翻白叶树（*Pterospermum heterophyllum*）	46	8.35 ± 2.66	9.6
5	楝叶吴茱萸（*Tetradium glabrifolium*）	26	12.29 ± 4.15	7.5
6	假苹婆（*Sterculia lanceolata*）	22	9.12 ± 3.27	4.9
7	醉香含笑（*Michelia macclurei*）	15	10.09 ± 2.68	4.6
8	马尾松（*Pinus massoniana*）	11	13.92 ± 5.80	4.1
9	海南菜豆树（*Radermachera hainanensis*）	14	7.81 ± 2.07	4.0
10	台湾相思（*Acacia confusa*）	10	16.62 ± 6.47	3.7

续表

序号	树种	多度	平均胸径/cm	重要值/%
11	樟树（*Camphora officinarum*）	11	6.87 ± 2.08	3.5
12	鹅掌柴（*Heptapleurum heptaphyllum*）	10	10.11 ± 4.06	3.1
13	南洋楹（*Falcataria falcata*）	2	29.95 ± 11.03	2.8
14	红锥（*Castanopsis hystrix*）	6	12.7 ± 3.36	2.6
15	海红豆（*Adenanthera microsperma*）	7	6.29 ± 1.13	2.2
16	海南蒲桃（*Syzygium hainanense*）	3	6.8 ± 1.23	1.7
17	海南红豆（*Ormosia pinnata*）	2	6 ± 0.35	1.6
18	尾叶桉（*Eucalyptus urophylla*）	1	16.3	0.9
19	枫香树（*Liquidambar formosana*）	1	14.2	0.9
20	尖叶杜英（*Elaeocarpus rugosus*）	2	4.2 ± 1.16	0.9
21	阴香（*Cinnamomum burmanni*）	1	11.1	0.8
22	山杜英（*Elaeocarpus sylvestris*）	1	8.8	0.8
23	山乌桕（*Triadica cochinchinensis*）	1	8.6	0.8
24	红豆杉（*Taxus wallichiana* var. *chinensis*）	1	7.8	0.8
25	黄桐（*Endospermum chinense*）	1	6	0.8
26	蓝花楹（*Jacaranda mimosifolia*）	1	5.7	0.8
27	火焰木（*Spathodea campanulata*）	1	5.5	0.8
	合计	324	—	—

（十）正坑2014年

经调查，样地共出现21种植物，隶属17科21属，植物种类数量优势科依次为大戟科（3属3种）、金缕梅科（2属2种）、豆科（2属2种），共3科7属7种，分别占总科、属、种的17.6%、33.3%、33.3%。松科、山茶科等14个科为单属单种，占总科数的82.4%，详见表5-22。

表5-22　正坑2014年造林主要乔木树种

序号	树种	拉丁学名	科	属
1	黄桐	*Endospermum chinense*	大戟科	黄桐属
2	千年桐	*Vernicia montana*	大戟科	油桐属
3	山乌桕	*Triadica cochinchinensis*	大戟科	乌桕属
4	格木	*Erythrophleum fordii*	豆科	格木属
5	紫荆	*Cercis chinensis*	豆科	紫荆属
6	米老排	*Mytilaria laosensis*	金缕梅科	壳菜果属
7	枫香树	*Liquidambar formosana*	金缕梅科	枫香树属
8	海南菜豆树	*Radermachera hainanensis*	紫葳科	菜豆树属
9	楝叶吴茱萸	*Tetradium glabrifolium*	芸香科	吴茱萸属
10	翻白叶树	*Pterospermum heterophyllum*	锦葵科	翅子树属
11	醉香含笑	*Michelia macclurei*	木兰科	含笑属
12	海南蒲桃	*Syzygium hainanense*	桃金娘科	蒲桃属
13	山杜英	*Elaeocarpus sylvestris*	杜英科	杜英属
14	黄牛木	*Cratoxylum cochinchinense*	金丝桃科	黄牛木属
15	鹅掌柴	*Heptapleurum heptaphyllum*	五加科	鹅掌柴属
16	马尾松	*Pinus massoniana*	松科	松属
17	女贞	*Ligustrum lucidum*	木犀科	女贞属
18	木荷	*Schima superba*	山茶科	木荷属
19	杉木	*Cunninghamia lanceolata*	柏科	杉木属
20	红锥	*Castanopsis hystrix*	壳斗科	锥属
21	樟树	*Camphora officinarum*	樟科	樟属

重要值排前5的依次是米老排、枫香树、山乌桕、黄桐、翻白叶树，重要值之和为52.1%。其中米老排的重要值最大，达17.7%，占优势地位。重要值大于5.0%的有8个树种，小于5.0%的有13个树种，详见表5-23。

表5-23　正坑2014年各树种多度、平均胸径、重要值

序号	树种	多度	平均胸径/cm	重要值/%
1	米老排（*Mytilaria laosensis*）	44	14.68 ± 3.05	17.7
2	枫香树（*Liquidambar formosana*）	25	11.87 ± 3.46	10.1
3	山乌桕（*Triadica cochinchinensis*）	10	22.35 ± 9.85	9.3
4	黄桐（*Endospermum chinense*）	14	16.48 ± 4.63	7.6
5	翻白叶树（*Pterospermum heterophyllum*）	15	12.6 ± 4.01	7.4
6	海南菜豆树（*Radermachera hainanensis*）	18	7.66 ± 2.20	6.6
7	海南蒲桃（*Syzygium hainanense*）	13	14.13 ± 4.41	6.4
8	樟树（*Camphora officinarum*）	14	8 ± 2.37	5.8
9	楝叶吴茱萸（*Tetradium glabrifolium*）	8	12.95 ± 1.90	4.3
10	鹅掌柴（*Heptapleurum heptaphyllum*）	9	11.34 ± 4.46	3.5
11	木荷（*Schima superba*）	6	9.33 ± 1.80	3.2
12	杉木（*Cunninghamia lanceolata*）	4	19.9 ± 4.47	2.9
13	马尾松（*Pinus massoniana*）	1	32.10	2.8
14	山杜英（*Elaeocarpus sylvestris*）	2	10.55 ± 9.41	2.3
15	黄牛木（*Cratoxylum cochinchinense*）	2	10.75 ± 1.91	2.3
16	千年桐（*Vernicia montana*）	2	24.55 ± 0.35	2.2
17	红锥（*Castanopsis hystrix*）	1	13.30	1.2
18	女贞（*Ligustrum lucidum*）	1	12.95	1.2
19	格木（*Erythrophleum fordii*）	1	8.00	1.1
20	紫荆（*Cercis chinensis*）	1	7.50	1.1
21	醉香含笑（*Michelia macclurei*）	1	2.10	1.0
	合计	192	—	—

（十一）湾仔2018年

经调查，样地共出现16种植物，隶属11科15属，植物种类数量优势科依次为大戟科（2属2种）、木兰科（2属2种）、紫葳科（2属2种）、锦葵科（2属2种）、杜英科（1属2种），共5科9属10种，分别占总科、属、种的45.5%、60.0%、62.5%。山茶科、樟科等6个科为单属单种，占总科数的54.5%，详见表5-24。

表5-24　湾仔2018年造林主要乔木树种

序号	树种	拉丁学名	科	属
1	千年桐	*Vernicia montana*	大戟科	油桐属
2	山乌桕	*Triadica cochinchinensis*	大戟科	乌桕属
3	尖叶杜英	*Elaeocarpus rugosus*	杜英科	杜英属
4	山杜英	*Elaeocarpus sylvestris*	杜英科	杜英属
5	假苹婆	*Sterculia lanceolata*	锦葵科	苹婆属
6	美丽异木棉	*Ceiba speciosa*	锦葵科	吉贝属
7	灰木莲	*Manglietia glauca*	木兰科	木莲属
8	醉香含笑	*Michelia macclurei*	木兰科	含笑属
9	海南菜豆树	*Radermachera hainanensis*	紫葳科	菜豆树属
10	火焰木	*Spathodea campanulata*	紫葳科	火焰树属
11	铁冬青	*Ilex rotunda*	冬青科	冬青属
12	枫香树	*Liquidambar formosana*	金缕梅科	枫香树属
13	华润楠	*Machilus chinensis*	樟科	润楠属
14	仪花	*Lysidice rhodostegia*	豆科	仪花属
15	木荷	*Schima superba*	山茶科	木荷属
16	红锥	*Castanopsis hystrix*	壳斗科	锥属

重要值排前5的依次是火焰木、山乌桕、山杜英、铁冬青、灰木莲，重要值之和为67.7%。其中火焰木的重要值最大，达24.9%，占优势地位。重要值大于

5.0%的有7个树种，小于5.0%的有9个树种，详见表5-25。

表5-25　湾仔2018年各树种多度、平均胸径、重要值

序号	树种	多度	平均地径/cm	重要值/%
1	火焰木（*Spathodea campanulata*）	64	8.69 ± 2.78	24.9
2	山乌桕（*Triadica cochinchinensis*）	43	7.55 ± 2.23	15.6
3	山杜英（*Elaeocarpus sylvestris*）	53	4.72 ± 1.70	13.1
4	铁冬青（*Ilex rotunda*）	28	3.76 ± 1.42	7.1
5	灰木莲（*Manglietia glauca*）	22	3.46 ± 0.91	7.0
6	尖叶杜英（*Elaeocarpus rugosus*）	30	4.06 ± 1.10	6.6
7	假苹婆（*Sterculia lanceolata*）	12	4.82 ± 2.00	5.1
8	枫香树（*Liquidambar formosana*）	21	3.77 ± 1.05	4.1
9	海南菜豆树（*Radermachera hainanensis*）	10	7.25 ± 1.36	3.5
10	千年桐（*Vernicia montana*）	6	10.02 ± 1.31	3.3
11	美丽异木棉（*Ceiba speciosa*）	2	4.8 ± 1.41	2.3
12	红锥（*Castanopsis hystrix*）	9	2.18 ± 0.66	2.0
13	华润楠（*Machilus chinensis*）	8	1.24 ± 0.28	1.8
14	醉香含笑（*Michelia macclurei*）	3	2.2 ± 0.46	1.3
15	木荷（*Schima superba*）	2	1.3 ± 1.14	1.2
16	仪花（*Lysidice rhodostegia*）	1	0.07	1.1
	合计	314	—	—

四、林木径级分布特征

在选取的珠海市2008—2019年营建的生态景观林的31个典型样地中，乔木林和新造林的径级分布呈现一定的规律。样地林木的径级呈不均匀状态分布，由样地树种的株数和胸径计算可得，珠海市营建的生态景观林中乔木林的平均胸径

为10.82 cm，株数集中在6～8径级，占比最大，为35.9%；30径级以下的林木占99.1%，30径级以上的林木仅占0.9%。从总体上看，林木株数随着径级的增大而减少，呈现出明显的反“J”型分布，详见图5-2。

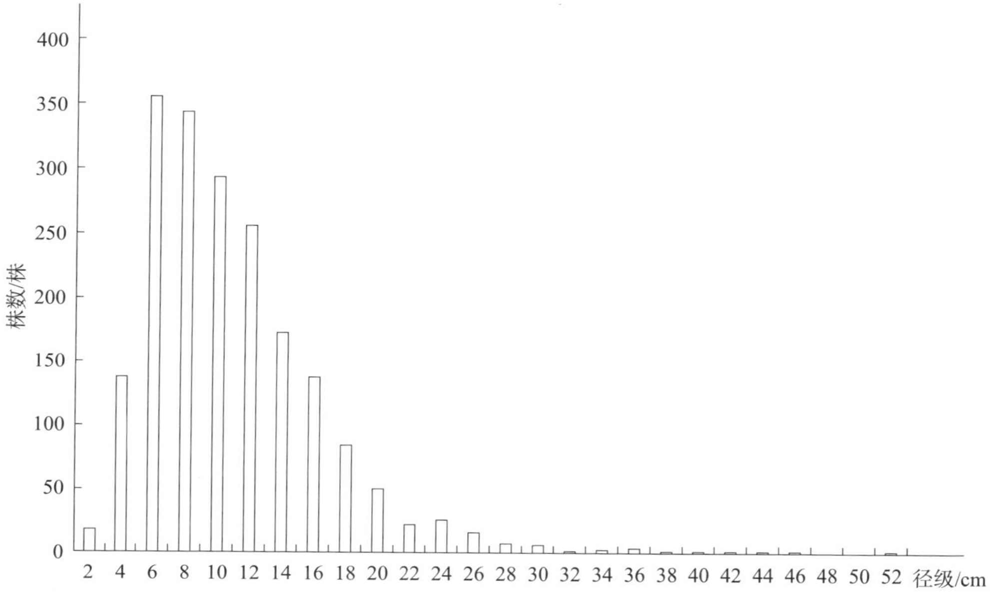

图5-2　珠海市2008—2019年乔木林各径级株数分布

（一）板障山2010年

板障山2010年样地林木的径级分布呈不均匀状态，由样地树种的株数和胸径计算可得，样地乔木林的平均胸径为11.94 cm，株数集中在8～10径级，占比最大，为32.6%；20径级以下的林木占97.2%，20径级以上的林木仅占2.8%，详见图5-3。

（二）板障山2014年

板障山2014年样地林木的径级分布呈不均匀状态，由样地树种的株数和胸径计算可得，样地乔木林的平均胸径为10.47 cm，株数集中在6～8径级，占比最大，为43.4%；30径级以下的林木占98.2%，30径级以上的林木仅占1.8%，详见图5-4。

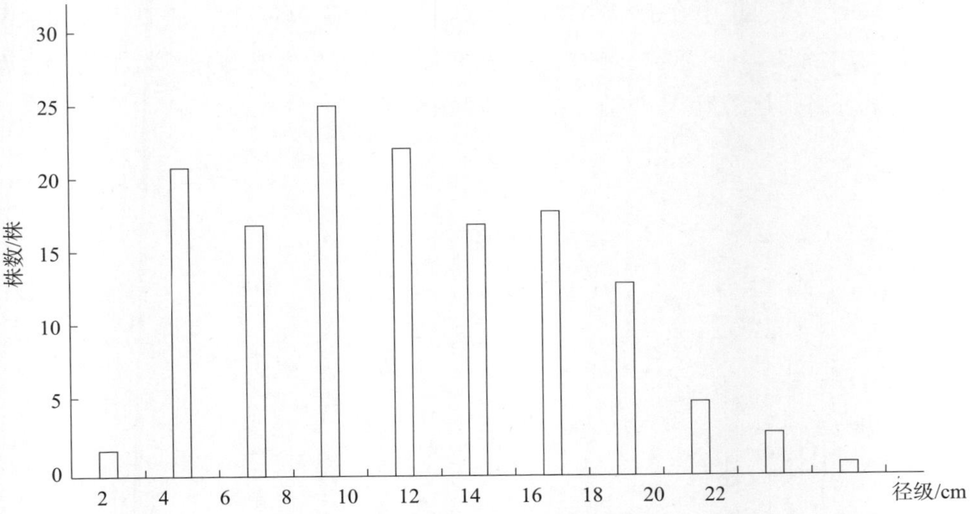

图5-3　板障山2010年样地林木各径级株数分布

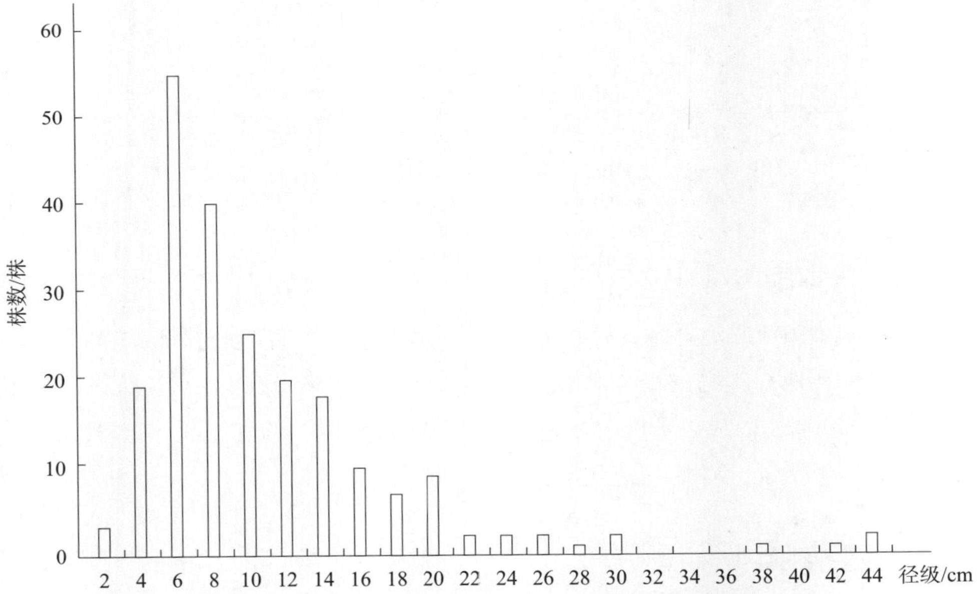

图5-4　板障山2014年样地林木各径级株数分布

（三）板障山2015年

板障山2015年样地林木的径级分布呈不均匀状态，由样地树种的株数和胸径计算可得，样地乔木林的平均胸径为8.46 cm，株数集中在4～6径级，占比最大，为42.2%；20径级以下的林木占98.8%，20径级以上的林木仅占1.2%，详见图5-5。

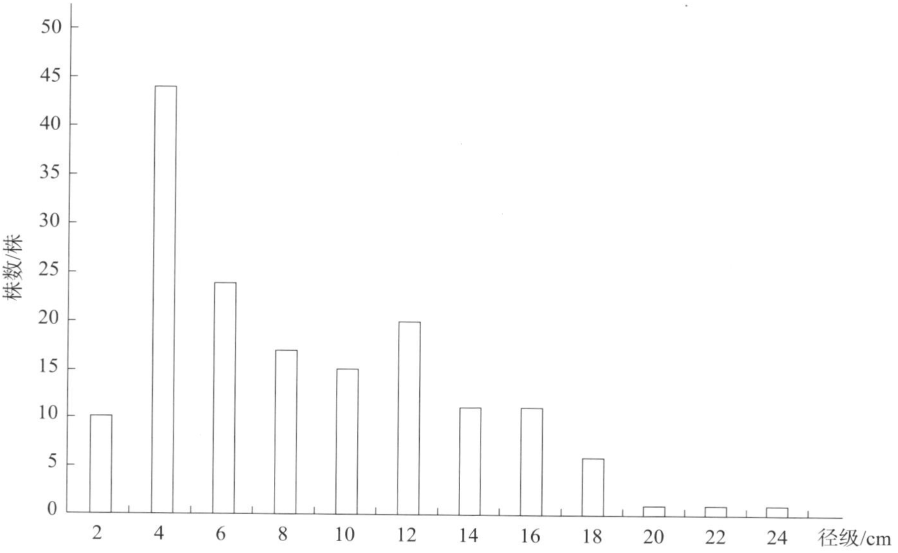

图5-5　板障山2015年样地林木各径级株数分布

（四）板障山2019年

板障山2019年样地为新造林地，其林木的径级分布呈不均匀状态，由样地树种的株数和胸径计算可得，样地新造林的平均地径为1.95 cm，株数集中在2径级，占比最大，为81.6%，集中在4径级的株数占比为18.4%，详见图5-6。

（五）白沙岭2010年

白沙岭2010年样地林木的径级分布呈不均匀状态，由样地树种的株数和胸径计算可得，样地乔木林的平均胸径为11.79 cm，株数集中在10～12径级，占比最大，为37.5%；20径级以下的林木占93.5%，20径级以上的林木仅占6.5%，详见图5-7。

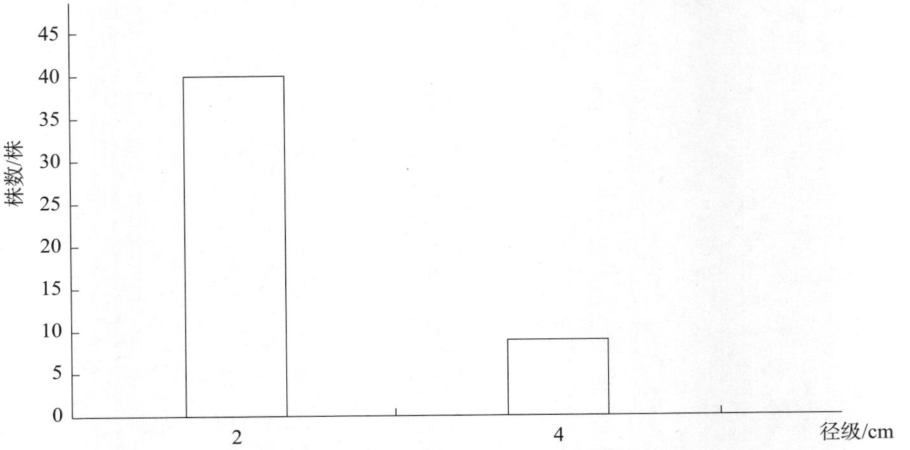

图5-6　板障山2019年样地林木各径级株数分布

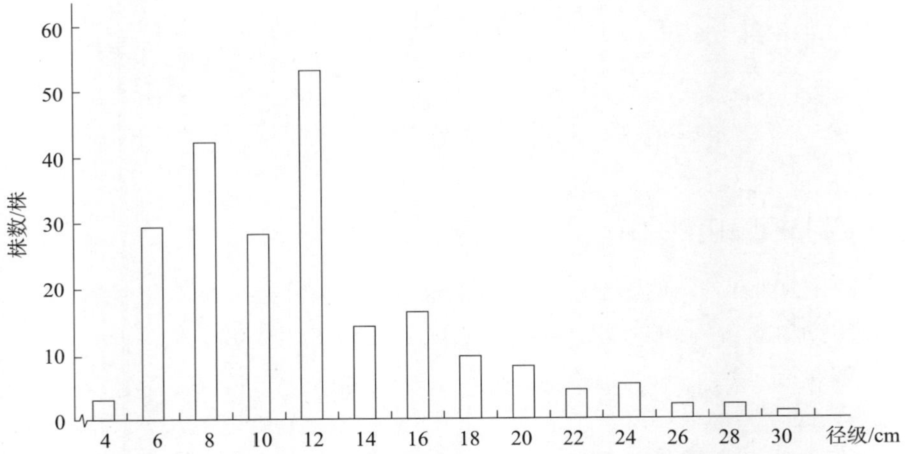

图5-7　白沙岭2010年样地林木各径级株数分布

（六）东坑2013年

东坑2013年样地林木的径级分布呈不均匀状态，由样地树种的株数和胸径计算可得，样地乔木林的平均胸径为10.76 cm，株数集中在10～12径级，占比最大，为39.5%；20径级以下的林木占96.3%，20径级以上的林木仅占3.7%，详见图5-8。

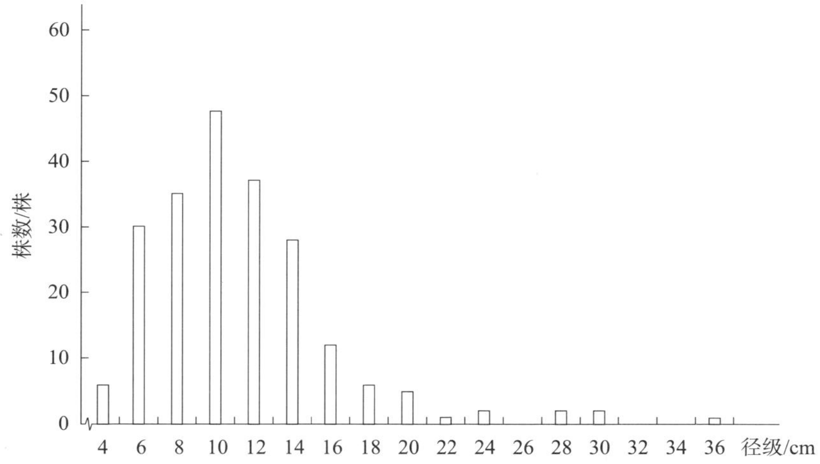

图5-8　东坑2013年样地林木各径级株数分布

（七）东坑2014年

东坑2014年样地林木的径级分布呈不均匀状态，由样地树种的株数和胸径计算可得，样地乔木林的平均胸径为10.87 cm，株数集中在6～8径级，占比最大，为39.5%；30径级以下的林木占98.5%，30径级以上的林木仅占1.5%，详见图5-9。

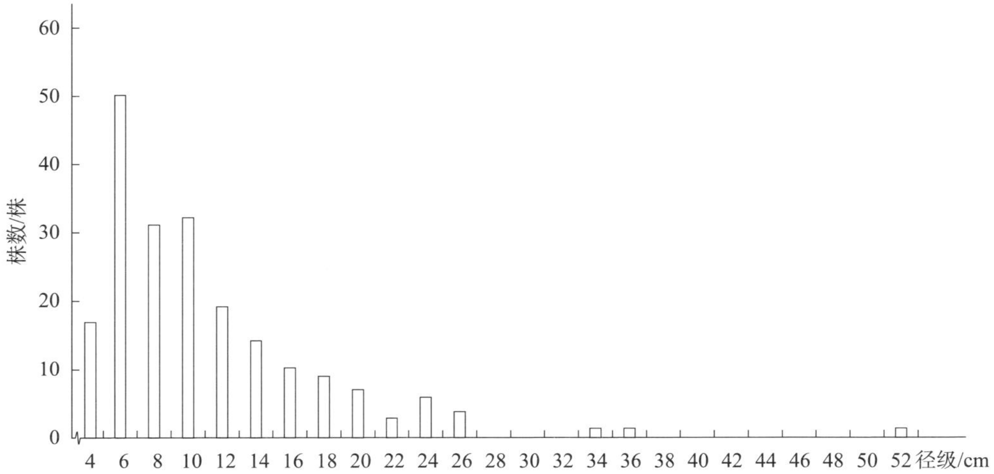

图5-9　东坑2014年样地林木各径级株数分布

（八）黑白面将军山2008年

黑白面将军山2008年样地林木的径级分布呈不均匀状态，由样地树种的株数和胸径计算可得，样地乔木林的平均胸径为8.85 cm，株数集中在6～8径级，占比最大，为47.3%；20径级以下的林木占98.1%，20径级以上的林木仅占1.9%，详见图5-10。

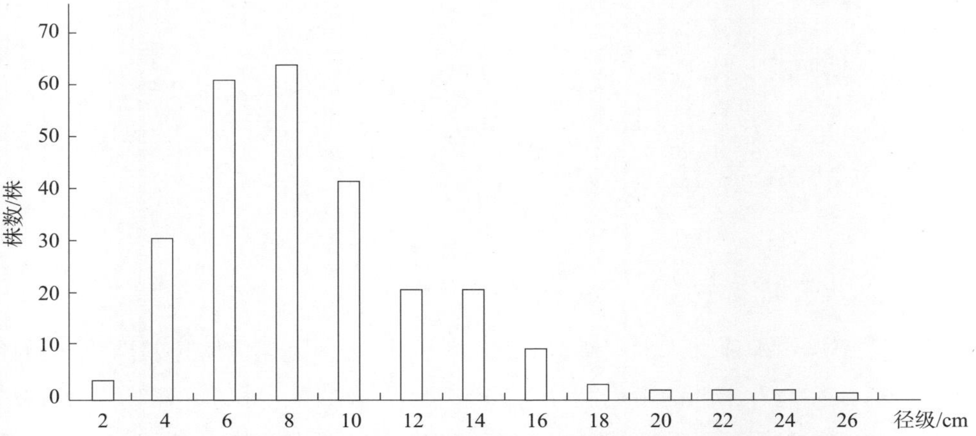

图5-10　黑白面将军山2008年样地林木各径级株数分布

（九）拱北将军山2012年

拱北将军山2012年样地林木的径级分布呈不均匀状态，由样地树种的株数和胸径计算可得，样地乔木林的平均胸径为10.96 cm，株数集中在6～8径级，占比最大，为41.2%；30径级以下的林木占98.1%，30径级以上的林木仅占1.9%，详见图5-11。

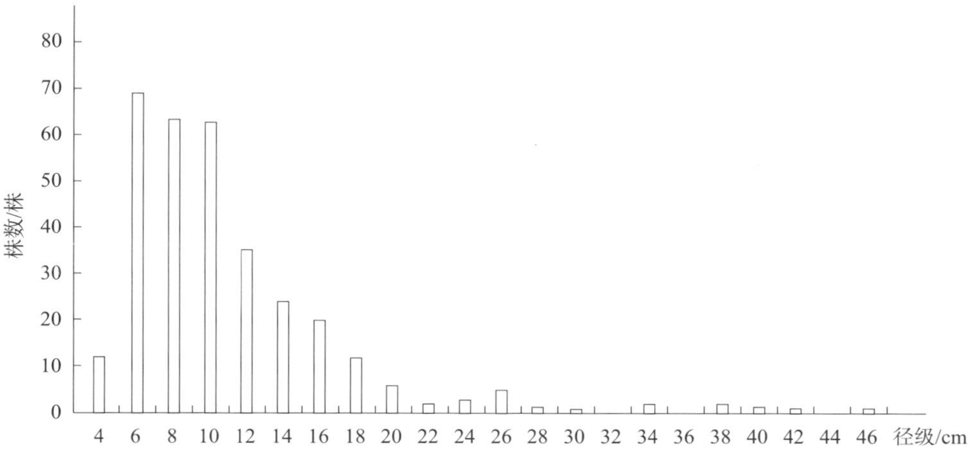

图5-11　拱北将军山2012年样地林木各径级株数分布

（十）正坑2014年

正坑2014年样地林木的径级分布呈不均匀状态，由样地树种的株数和胸径计算可得，样地乔木林的平均胸径为13.17 cm，株数集中在12～14径级，占比最大，为29.2%；30径级以下的林木占98.4%，30径级以上的林木仅占1.6%，详见图5-12。

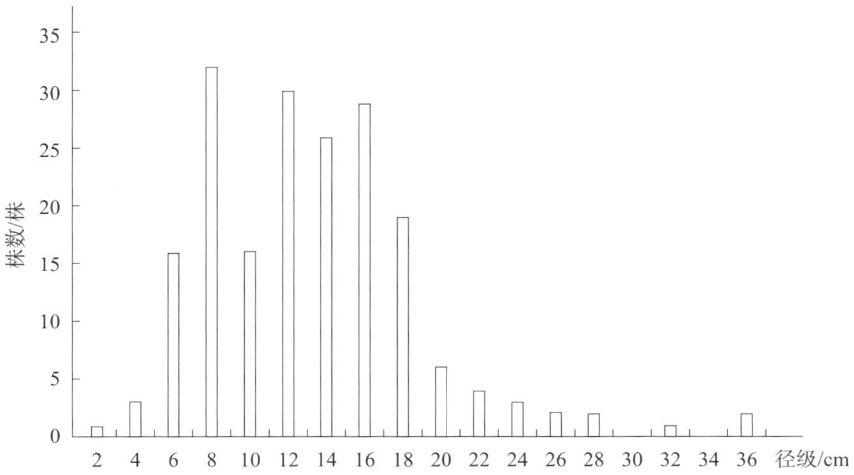

图5-12　正坑2014年样地林木各径级株数分布

（十一）湾仔2018年

湾仔2018年样地为新造林地，其林木的径级分布呈不均匀状态，由样地树种的株数和胸径计算可得，样地新造林的平均地径为5.58 cm，株数集中在2～4径级，占比最大，为51.9%；10径级以下的林木占95.2%，10径级以上的林木仅占4.8%，详见图5-13。

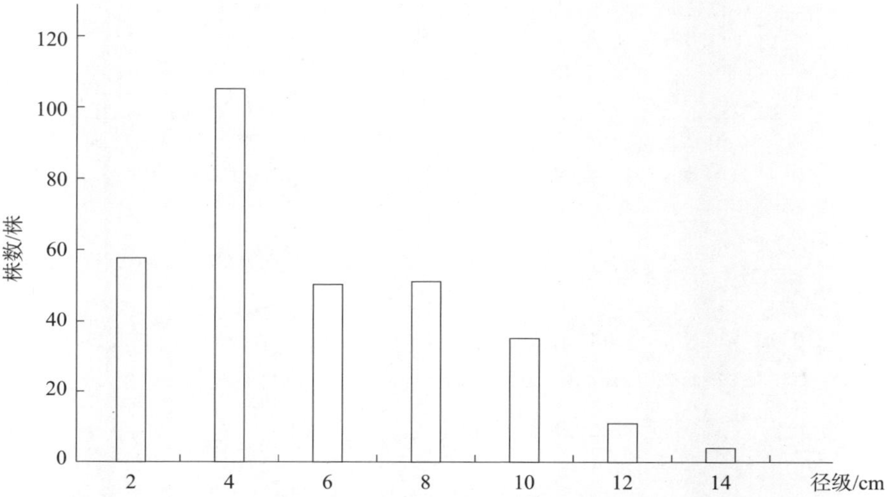

图5-13　湾仔2018年样地林木各径级株数分布

五、空间结构分析

本研究采用角尺度、大小比数、混交度来分别反映不同林木的分布格局、分化程度和树种隔离程度，采用林分空间结构指数（*FSSI*）和林分空间结构距离（*FSSD*）相结合的方法来反映不同造林阶段整体林分空间结构的优劣，旨在分析珠海市城市近郊森林不同龄组下的林分结构及空间特征的优劣表现。

（一）分析方法

选取其中26块乔木林样地进行森林景观空间结构分析，造林时间分别为黑白面将军山2008年、板障山2010年、白沙岭2010年、拱北将军山2012年、东坑2013年、正坑2014年、东坑2014年、板障山2014年和板障山2015年，对5块未成林造林地的空间结构未进行分析。

选取较具有代表性的Gadow提出的林分混交度M_i方法来表示树种的隔离程度。所谓混交度，就是在对象木i的4株最近相邻木中与对象木分属于不同树种的个体所占的比例，表达公式如下：

$$M_i = \frac{1}{4}\sum_{j=1}^{4} V_{ij} \qquad (5\text{-}1)$$

式（5-1）中：M_i为林木在i处的点混交度；4指的是相邻木个数。当$V_{ij}=0$时，表示对象木i与第j株相邻木为同一树种。当$V_{ij}=1$时，则表示对象木i与第j株相邻木为不同树种。同理，当$M_i=0$时，表示对象木与相邻木为同一树种。反之，当$M_i=1$时，则说明对象木和相邻木为不同树种。

大小比数被定义为胸径大于对象木的相邻木数占所考察全部最近相邻木的比例，表达公式如下：

$$U_i = \frac{1}{4}\sum_{j}^{4} K_{ij} \qquad (5\text{-}2)$$

式（5-2）中：K_{ij}为离散型变量，为当对象木和第j株相邻木非同种时$K_{ij}=1$，反之$K_{ij}=0$。

角尺度被用来描述相邻木围绕对象木i的均匀性，同时判定林分的空间分布格局。任意2个最近相邻木的夹角有2个，小角为α，最近相邻木分布时的夹角为标准角α_0。角尺度被定义为α角小于标准角α_0的个数占所考察的4个夹角的比例，表达公式如下：

$$W_i = \frac{1}{4}\sum_{i}^{4} Z_{ij} \qquad (5\text{-}3)$$

式（5-3）中：Z_{ij}为离散型变量，当第j个α角小于标准角α_0时Z_{ij}=1，反之Z_{ij}=0。

林分空间结构指数（*FSSI*）被定义为林分空间结构三参数（混交度、大小比数、角尺度）的投入与林分整体空间结构产出之间的数学函数关系，其表达式如下：

$$FSSI = \begin{cases} \left[\bar{M}\left(100-\bar{U}\right)\times 2\bar{W}\right]^{0.3333}, & \bar{W}\leqslant 50 \\ \left[\bar{M}\left(100-\bar{U}\right)\times 2\times\left(100-\bar{W}\right)\right]^{0.3333}, & \bar{W}>50 \end{cases} \qquad (5\text{-}4)$$

式（5-4）中：$0 \leqslant FSSI \leqslant 100$；$0 \leqslant \bar{M} \leqslant 100$；$0 \leqslant \bar{U} \leqslant 100$；$0 \leqslant \bar{W} \leqslant 100$；$\bar{M} = \left(\frac{1}{N}\sum M_i\right) \times 100$；$\bar{U} = \left(\frac{1}{N}\sum U_i\right) \times 100$；$\bar{W} = \left(\frac{1}{N}\sum W_i\right) \times 100$；$N$为样地内林木总株数。

林分空间结构距离（$FSSD$）被定义为林分空间结构三参数（混交度、大小比数、角尺度）的三维散点图中的现实林分空间结构向理想林分空间结构转化的相对趋势，即为不同林分条件下现实林分空间结构到理想林分空间结构的距离，表达公式如下：

$$FSSD = \sqrt{\left(\bar{M} - 100\right)^2 + \bar{U}^2 + \left(\bar{W} - 50\right)^2} \quad (5\text{-}5)$$

式（5-5）中：$0 \leqslant FSSD \leqslant 150$。

（二）不同造林时间整体林分混交度

图5-14给出了不同造林时间下整体林分混交度的对比情况，根据混交度区间划分，大致可以分成3个部分，即弱度-中度混交阶段、中度-重度混交阶段、重度-极重度混交阶段3种状态，从图5-14中可知，只有板障山2010年造林的林分处在相对较弱的混交阶段，拱北将军山2012年、东坑2013年、板障山2014年以及白沙岭2010年造林的林分处于中度-重度混交阶段，而正坑2014年、板障山2015年、东坑2014年，以及黑白面将军山2008年造林的林分处于重度-极

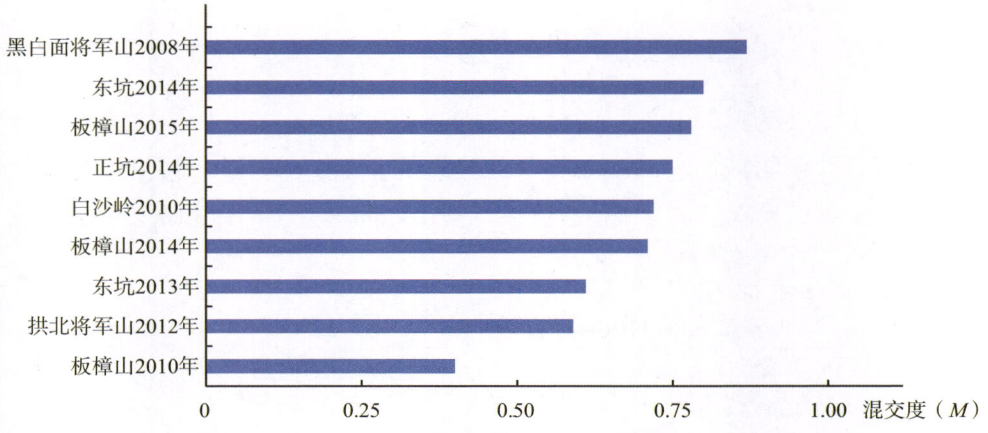

图5-14　不同造林时间整体林分混交度对比情况

重度混交阶段。从混交度数值上看，各造林时间林分混交度大小排序依次为黑白面将军山2008年（0.87）＞东坑2014年（0.80）＞板障山2015年（0.78）＞正坑2014年（0.75）＞白沙岭2010年（0.72）＞板障山2014年（0.71）＞东坑2013年（0.61）＞拱北将军山2012年（0.59）＞板障山2010年（0.40）。

（三）不同造林时间整体林分分化程度

本研究运用大小比数来判定各造林阶段整体林分的分化程度，图5-15给出了不同造林时间下整体林分大小比数的对比情况，从整体上看，所有不同造林时间的林分在整体的大小分化程度上并未表现出明显的差异，研究区各林型大小比数均在0.50上下浮动，均处于中庸状态，表明各林型不同生长阶段林木的分化程度较低，林分中缺少明显的优势木和具有培育价值的更新木。

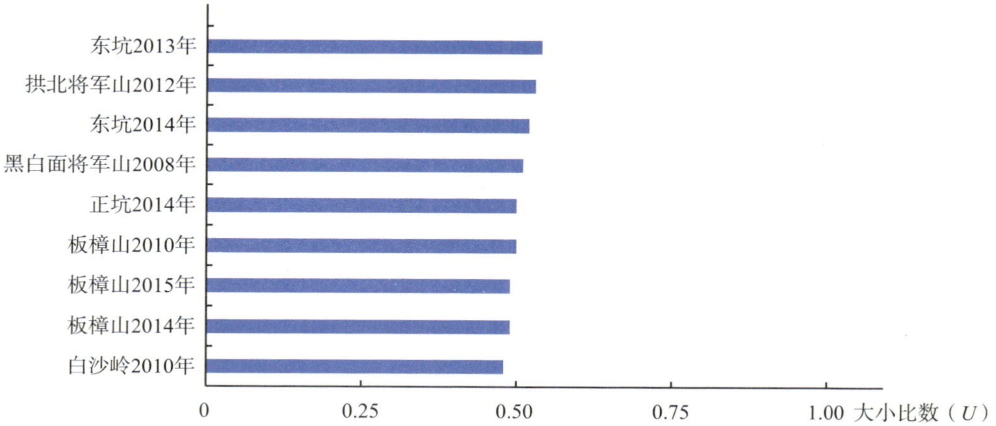

图5-15　不同造林时间整体林分大小比数对比情况

（四）不同造林时间整体林分空间分布格局

本研究运用角尺度来判定各造林阶段整体林分的空间分布格局，图5-16给出了不同造林时间下整体林分角尺度的对比情况，从整体上看，所有不同造林时间的林分在整体空间分布格局上表现为3种状态，其中东坑2013年、正坑2014年、板障山2014年，以及拱北将军山2012年造林的林分在整体空间分布格局上呈现出聚集分布状态，东坑2014年和白沙岭2010年造林的林分在整体空间分布格局上呈现出随机分布状态，板障山2010年、板障山2015年，以及黑白面将军山2008年造林的林分在整体空间分布格局上呈现出均匀分布状态。

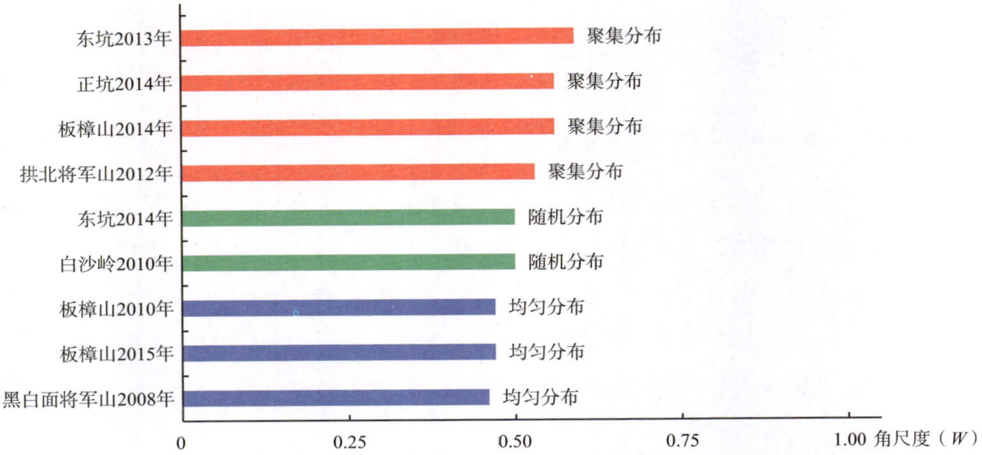

图5-16　不同造林时间整体林分角尺度对比情况

（五）林分空间结构指数和林分空间结构距离

在对林分空间结构优劣表现进行对比时，对同一龄组多个样地的林分空间结构参数、林分空间结构指数*FSSI*值和林分空间结构距离*FSSD*值的计算，本研究采取合并同一龄组数据进行整体求值的方法，表5-26给出了各造林阶段整体林分空间结构指数、林分空间结构距离计算结果。从总体上看，在各造林阶段中整体林分大小比数和角尺度波动范围不大的情况下，混交度很大程度上决定了林分空间结构指数的大小，二者呈显著线性相关，其表达式为$FSSI$=0.384 2M+41.141（R^2=0.90）。

在传统的林分空间结构研究中，若只以某一参数来度量林分空间结构的优劣性，势必会造成结果的不准确，同时也违背了林分空间结构作为有机整体的自然属性这一原则，因此本研究在结合林分空间结构三参数的基础上，通过林分空间结构指数（*FSSI*）和林分空间结构距离（*FSSD*）对所研究的不同造林时间的整体林分进行分析，结果表明，各造林时间整体林分空间结构的优劣表现为黑白面将军山2008年＞东坑2014年＞板障山2015年＞正坑2014年＞白沙岭2010年＞板障山2014年＞东坑2013年＞拱北将军山2012年＞板障山2010年，此外，林分空间结构指数（*FSSI*）和林分空间结构距离（*FSSD*）具有极显著线性关系，其表达式为$FSSD=-1.452\ 8FSSI+158.82$（$R^2=0.94$），说明对于无论是处于幼龄林阶段还是处于中龄林阶段的林分，林分空间结构指数（*FSSI*）和林分空间结构距离（*FSSD*）在对林分空间结构的描述方面具有很强的一致性。

表5-26　林分空间结构指数、林分空间结构距离计算结果

名称	混交度	林分空间结构指数	林分空间结构距离
黑白面将军山2008年	87	73.17	52.78
板障山2015年	78	72.01	53.80
板障山2010年	40	57.26	78.16
白沙岭2010年	72	72.04	55.57
东坑2014年	80	72.65	55.71
拱北将军山2012年	59	63.85	67.07
板障山2014年	71	68.27	57.25
正坑2014年	75	69.07	56.22
东坑2013年	61	61.25	67.22

六、优良树种评价

珠三角的自然条件决定了其近郊景观林建设树种的评价和选择要以抗风性、抗旱性、成活率等生态适应性与抗逆性指标为前提，并以生态效益和观赏价值等为重要参考指标进行综合评价。为了使构建的指标体系能更真实、客观地反映出珠三角城市近郊景观林优良树种，在参考相关文献资料和调查研究的基础上，通过专家咨询，初步提出了影响当地城市近郊景观林建设树种选择的3级指标（图5-17）。

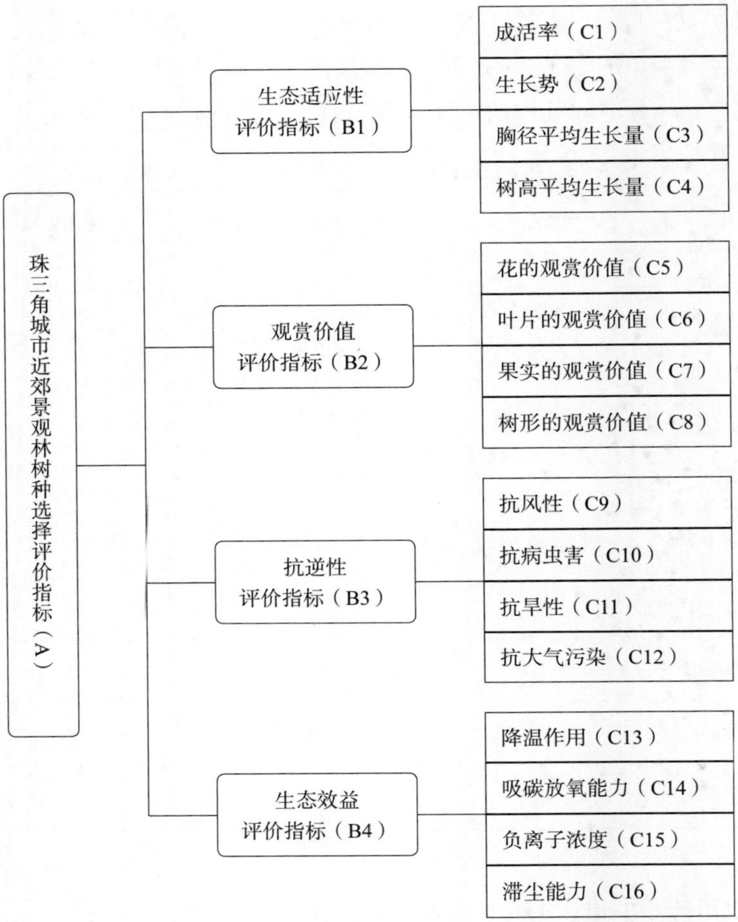

图5-17　珠三角城市近郊景观林树种选择评价指标

（一）指标权重计算方法

1. 指标权重判断矩阵

根据层次分析法构建评价模型，针对上节提出的树种选择3级指标体系，采用9级标度的方法进行逐层次的两两比较。不同标度的含义如表5-27所示。

表5-27 判断矩阵a_{ij}标度方法

标度（a_{ij}）	含义
1	a_i与a_j同等重要
3	a_i比a_j稍微重要
5	a_i比a_j明显重要
7	a_i比a_j强烈重要
9	a_i比a_j极端重要
2、4、6、8	上述两相邻判断的中值
以上各数的倒数	a_{ji}

依据图5-17中的指标体系，以及表5-27中的标度方法，分别构成A-B、B1-C，B2-C，B3-C，B4-C判断矩阵。邀请m位专家参与权重评价，则可建立综合指标权重判断矩阵群：

$$A^l=\left\{a_{ij}^{(l)}\mid i,\ j=1,\ 2,\ \cdots,\ n;\ l=1,\ 2,\ \cdots,\ m\right\}_{n\times n} \quad (5\text{-}6)$$

2. 构造考虑专家评价水平相对权重的判断矩阵

在m位参与评价的专家中，每位专家给出的标度值$a_{ij}^{(l)}$一般不会完全相同。因此，针对同一个判断矩阵，在m位专家所给出的全部标度值a_{ij}中，理论上应存在一个最合理的标度值。本研究采用几何平均法计算a_{ij}的最合理标度值a_{ij}^*。

$$a_{ij}^*=\prod_{l=1}^{m}(a_{ij}^{(l)})^{\frac{1}{m}} \quad (i,\ j=1,\ 2,\ \cdots,\ n;\ l=1,\ 2,\ \cdots,\ m) \quad (5\text{-}7)$$

根据每位专家给出的标度值$a_{ij}^{(l)}$与最合理标度值a_{ij}^*的差异水平，利用最小方差进行计算，即可计算出每位专家评价水平的相对权重。

设第l个专家的标度值误差占总标度误差的值为D_l：

$$D_l=\left|\frac{\sum_{i=1}^{n}\sum_{j=1}^{n}\left(a_{ij}^{(l)}-a_{ij}^*\right)^2}{\sum_{l=1}^{m}\sum_{i=1}^{n}\sum_{j=1}^{n}\left(a_{ij}^{(l)}-a_{ij}^*\right)^2}\right|^{\frac{1}{2}} \quad (i,\ j=1,\ 2,\ \cdots,\ n;\ l=1,\ 2,\ \cdots,\ m) \quad (5\text{-}8)$$

那么，第l个专家评价水平的相对权重λ_l：

$$\lambda_l = \frac{\frac{1}{D_l}}{\sum_{l=1}^{m} \frac{1}{D_l}} \tag{5-9}$$

利用专家评价水平相对权重λ_l重新构造判断矩阵$\boldsymbol{B}$，设其标度值为b_{ij}，采用加权几何平均法求得：

$$\boldsymbol{B}^l = \left\{ b_{ij}^{(l)} \mid i，j = 1，2，\cdots，n；l = 1，2，\cdots，m \right\}_{n \times n} \tag{5-10}$$

$$b_{ij} = \prod_{l=1}^{m} (a_{ij}^{(l)})^{\lambda_l} \quad (i，j = 1，2，\cdots，n；l = 1，2，\cdots，m) \tag{5-11}$$

3. 考虑专家评价水平相对权重的权向量确定

考虑专家评价水平相对权重后的综合判断矩阵为式（5–10），分别计算该矩阵的最大特征值$\lambda_{\max}$，以及特征向量$\boldsymbol{\omega}_{j专}$，经一致性检验$CR = \frac{CI}{RI}$，$CI = \frac{\lambda_{\max} - n}{n - 1}$，RI 可查表得知，确认$CR < 0.10$后即可计算出考虑专家评价水平相对权重的权向量：

$$\boldsymbol{\omega}_{j专} = (\omega_1，\omega_2，\cdots，\omega_j，\cdots，\omega_n)^{\mathrm{T}} \quad (j=1，2，\cdots，n) \tag{5-12}$$

4. 熵技术对权向量的修正方法

熵是信息论中用来度量信息量的概念，其定义为将在一个信息通道中传输的第i个信号的信息量设定$I_i = -\ln p_i$，p_i为信号出现的概率，则其熵E为：

$$E = -\sum_{i=1}^{n} p_i \ln p_i \tag{5-13}$$

因此，可以借助信息论中熵的概念，对考虑专家评价水平相对权利的权向量进行修正。假设s_{ij}为第i个系统中的第j项指标标准化后的值。当j确定，s_{ij}值的变化越大，则代表该项指标对系统的影响就越大，包含和传输的信息就越多，其熵值则越小。因此，根据考虑专家评价水平相对权重后的判断矩阵式（5–10），利用熵技术对权向量进行修正的过程为：

对已构建的考虑专家评价水平相对权重的判断矩阵式（5–10）按式（5–14）进行标准化处理：

$$s_{ij}=\frac{b_{ij}}{\sum_{i=1}^{n}b_{ij}} \tag{5-14}$$

得到标准矩阵R：

$$R=\left\{s_{ij} \mid i，j=1，2，\cdots，n\right\}_{n\times n} \tag{5-15}$$

则第j项指标输出的熵E_j为：

$$E_j=-(\ln n)^{-1}\sum_{i=1}^{n}s_{ij}\ln s_{ij}\quad（i，j=1，2，\cdots，n） \tag{5-16}$$

第j项指标的偏差度d_j为：

$$d_j=1-E_j\quad（j=1，2，\cdots，n） \tag{5-17}$$

求得第j项指标的信息权重μ_j为：

$$\mu_j=\frac{d_j}{\sum_{j=1}^{n}d_j} \tag{5-18}$$

利用信息权重修正式（5–12）中所得出的考虑专家评价水平相对权重的指标权向量$\boldsymbol{\omega}_{j专}$，得出各指标经熵技术修正后的指标权系数λ_j：

$$\lambda_j=\frac{\mu_j\boldsymbol{\omega}_{j专}}{\sum_{j=1}^{n}\mu_j\boldsymbol{\omega}_{j专}}\quad（j=1，2，\cdots，n） \tag{5-19}$$

（二）评价指标体系构建

为了能利用定量的方法对城市近郊景观林建设树种选择进行评价，课题组根据评价体系中的各指标所对应的不同等级进行赋值，所有指标值按照所表现的性状分别赋值3分、2分、1分，或采用实测数据赋值。其主要指标评分标准见表5–28。

表5-28　珠三角城市近郊景观林建设优良树种评价因子评分等级

编号	评价因子	等级含义
C1	成活率	采用实测数据（种植3个月后的成活率）
C2	生长势	（3）健康，叶色正常，萌芽多，长势旺盛 （2）较健康，叶色正常，长势一般 （1）健康程度差，萌芽较少，叶色不正常
C3	胸径平均生长量（cm/a）	采用实测数据（按最大生长量分为3个等级，分别赋值1、2、3）
C4	树高平均生长量（m/a）	采用实测数据（按最大生长量分为3个等级，分别赋值1、2、3）
C5	花的观赏价值	（3）花色鲜艳，花量大，花形好，有香味 （2）花色普通，花形较好，无香味 （1）无花或少花，花形观赏价值低，无香味
C6	叶片的观赏价值	（3）终身色叶或叶色随季节变化，观赏价值高 （2）叶片常绿，形状规整，有一定观赏价值 （1）叶片半常绿或落叶，形状普通，观赏价值不高
C7	果实的观赏价值	（3）结实量大，颜色鲜艳，观赏价值高 （2）结实量中等，颜色普通，观赏价值一般 （1）结实量少，颜色晦暗，观赏价值低
C8	树形的观赏价值	（3）植株高大，枝条舒展，树干通直，美观 （2）植株树形较为美观 （1）植株树形一般
C9	抗风性	（3）无倒伏，断枝较少，倾斜程度较小 （2）倒伏率较低，断枝适中，倾斜程度一般 （1）倒伏率较高，断枝较多，倾斜程度严重
C10	抗病虫害	（3）不受各种病虫害的威胁 （2）有时会受1～2种病虫害的威胁 （1）容易受各种病虫害的威胁
C11	抗旱性	（3）夏季栽植时能连续1个月以上不需浇水且长势良好 （2）夏季栽植时能连续2周以上不需浇水且长势良好 （1）夏季栽植时需每隔3天浇1次水方能保证其长势良好
C12	抗大气污染	（3）强，在大气污染下生长良好 （2）一般，在大气污染生长一般 （1）弱，对大气污染较敏感，甚至出现死亡现象

续表

编号	评价因子	等级含义
C13	降温作用	（3）强，常绿树种，树冠开展，叶片大，蒸腾作用强 （2）一般，常绿或落叶树种，树冠较为开展，蒸腾作用一般 （1）弱，落叶树种，树冠稀疏，蒸腾作用较弱
C14	吸碳放氧能力 （叶面积×光合速率）	（3）强，常绿树种，树冠开展，光合作用能力强，固碳能力强 （2）一般，树冠较为开展，光合作用能力一般，固碳能力一般 （1）弱，落叶树种，树冠稀疏，光合作用能力较弱，固碳能力弱 （或采用“叶面积×光合速率”实测数据）
C15	负离子浓度	采用实测数据
C16	滞尘能力	采用实测数据

结合图5–17中珠三角城市近郊景观林树种选择评价指标体系，根据式（5–6）至式（5–19），可得，针对某一树种的评价得分为：

$$A=\sum_{i=1}^{4}\sum_{j=1}^{n}\lambda_{B_i}\lambda_{B_j}C_j \tag{5–20}$$

式（5–20）中：n为B层次下的指标C维度；λ_{B_i}为B层次相对于A层次的权系数；λ_{B_j}为C层次相对于B层次的权系数；C_j为参照表5–28所得出的数值或将实测数据标准化后的数值。

根据式（5–20）及表5–28，即可对城市近郊景观林树种选择进行综合评价，根据综合评分结果进行评价排序分析，筛选出得分在2.0以上的15～30种珠三角城市近郊景观林优良树种。

（三）评价结果与推荐乔木树种

邀请3名专家分别对树种选择评价指标体系进行判断矩阵的构建，利用专家评价水平相对权重λ_l重新构造判断矩阵，并利用熵技术对各个指标权重进行修正，得到的结果如表5–29所示。

根据表5–28树种评价因子评分等级，对珠三角城市近郊景观林营建常用的50种乔木树种进行综合评价，根据综合得分进行排序，筛选出得分在2.0以上的值得推广使用的优良乔木树种20种（表5–30）。

表5-29　考虑专家评价水平相对权重及熵技术修正后确定的指标权重

层次	指标	$\omega_{专}$	E	d	μ	λ	$\omega_{修}$
A-B	B1	0.234 279	0.940 712	0.059 288	0.202 700	0.200 755	0.200 755
	B2	0.419 737	0.923 262	0.076 738	0.262 360	0.465 536	0.465 536
	B3	0.220 006	0.964 079	0.035 921	0.122 810	0.114 222	0.114 222
	B4	0.125 978	0.879 456	0.120 544	0.412 130	0.219 487	0.219 487
B1-C	C1	0.339 295	0.974 326	0.025 674	0.006 418	0.281 554	0.056 523
	C2	0.208 17	0.996 256	0.003 744	0.0009 36	0.025 188	0.005 057
	C3	0.232 479	0.927 906	0.072 094	0.018 023	0.541 721	0.108 753
	C4	0.220 056	0.978 695	0.021 305	0.005 326	0.151 536	0.030 422
B2-C	C5	0.378 446	0.955 375	0.044 625	0.205 232	0.308 364	0.143 555
	C6	0.146 119	0.958 554	0.041 446	0.190 613	0.110 580	0.051 479
	C7	0.172 628	0.938 887	0.061 113	0.281 062	0.192 632	0.089 677
	C8	0.302 807	0.929 748	0.070 252	0.323 092	0.388 424	0.180 826
B3-C	C9	0.217 265	0.853 405	0.146 595	0.359 001	0.307 839	0.035 162
	C10	0.238 531	0.854 735	0.145 265	0.355 743	0.334 902	0.038 253
	C11	0.440 889	0.926 153	0.073 847	0.180 846	0.314 685	0.035 944
	C12	0.103 315	0.957 365	0.042 635	0.104 410	0.042 574	0.004 863
B4-C	C13	0.284 209	0.939 352	0.060 648	0.538 332	0.587 846	0.129 025
	C14	0.216 084	0.984 238	0.015 762	0.139 908	0.116 156	0.025 495
	C15	0.286 720	0.986 999	0.013 001	0.115 401	0.127 128	0.027 903
	C16	0.212 986	0.976 752	0.023 248	0.206 360	0.168 870	0.037 065

注：$\omega_{专}$为考虑专家评价水平相对权重的权向量；$\omega_{修}$为相对于指标A，考虑专家评价水平相对权重且用熵技术修正合成后的权重系数；其余各列为熵技术修正过程中的系数。

表5-30　珠三角城市近郊景观林管理建设推荐乔木树种

树种	拉丁学名	科	属	树种	拉丁学名	科	属
黄桐	*Endospermum chinense*	大戟科	黄桐属	红花荷	*Rhodoleia championii*	金缕梅科	红花荷属
乌桕	*Triadica sebifera*	大戟科	乌桕属	枫香树	*Liquidambar formosana*	金缕梅科	枫香树属
山乌桕	*Triadica cochinchinensis*	大戟科	乌桕属	米老排	*Mytilaria laosensis*	金缕梅科	壳菜果属
大头茶	*Polyspora axillaris*	山茶科	大头茶属	红锥	*Castanopsis hystrix*	壳斗科	锥属
木荷	*Schima superba*	山茶科	木荷属	黧蒴锥	*Castanopsis fissa*	壳斗科	锥属
海南红豆	*Ormosia pinnata*	豆科	红豆属	青冈	*Quercus glauca*	壳斗科	栎属
铁冬青	*Ilex rotunda*	冬青科	冬青属	灰木莲	*Manglietia glauca*	木兰科	木莲属
山杜英	*Elaeocarpus sylvestris*	杜英科	杜英属	醉香含笑	*Michelia macclurei*	木兰科	含笑属
尖叶杜英	*Elaeocarpus rugosus*	杜英科	杜英属	海南蒲桃	*Syzygium hainanense*	桃金娘科	蒲桃属
樟树	*Camphora officinarum*	樟科	樟属	楝叶吴茱萸	*Tetradium glabrifolium*	芸香科	吴茱萸属

七、城市近郊景观林构建技术指引

综合珠三角城市近郊森林树种生长状况、重要值排序、树种选择评价指标排序靠前的结果，得到适宜城市近郊景观林构建的树种17种（表5-31）。

表5-31　珠三角城市近郊景观林构建推荐乔木树种

树种	拉丁学名	科	属
黄桐	*Endospermum chinense*	大戟科	黄桐属
山乌桕	*Triadica cochinchinensis*	大戟科	乌桕属
木荷	*Schima superba*	山茶科	木荷属
海南红豆	*Ormosia pinnata*	豆科	红豆属

续表

树种	拉丁学名	科	属
铁冬青	*Ilex rotunda*	冬青科	冬青属
山杜英	*Elaeocarpus sylvestris*	杜英科	杜英属
尖叶杜英	*Elaeocarpus rugosus*	杜英科	杜英属
樟树	*Camphora officinarum*	樟科	樟属
枫香树	*Liquidambar formosana*	金缕梅科	枫香树属
米老排	*Mytilaria laosensis*	金缕梅科	壳菜果属
红锥	*Castanopsis hystrix*	壳斗科	锥属
黧蒴锥	*Castanopsis fissa*	壳斗科	锥属
青冈	*Quercus glauca*	壳斗科	栎属
醉香含笑	*Michelia macclurei*	木兰科	含笑属
海南蒲桃	*Syzygium hainanense*	桃金娘科	蒲桃属
楝叶吴茱萸	*Tetradium glabrifolium*	芸香科	吴茱萸属
假苹婆	*Sterculia lanceolata*	锦葵科	苹婆属

在进行林分空间结构优劣表现对比上，从总体上看，在城市近郊景观林构建初期，整体林分大小比数和角尺度受人为干扰因素影响较小，因此，很大程度上混交度决定了林分空间结构指数的大小。在林分构建初期，林分混交度的设计以及种植施工的配苗环节显得尤为重要。在造林过程中，建议明确混交比例和混交方式，并需要有详细图纸明确各种苗木的混交，避免以文字形式单一描述，如随机混交、块状混交等。

同时，在造林成效评价中，参考的依据仅为苗木的生长情况，包括地径、苗高等。若只以地径、苗高等参数来度量整个景观林林分结构的优劣性，势必造成评价结果的片面性。因此，有必要引入林分空间结构作为城市近郊景观林构建成效的评价标准，通过林分空间结构指数（*FSSI*）和林分空间结构距离（*FSSD*）对不同造林时间的景观林林分进行动态分析，并结合抚育管理，进行结构化经营，最终全面优化和提高城市近郊景观林林分质量。

第六章

珠三角绿道林构建技术研究

一、研究地点

珠三角绿道网纵横交错，穿插于镇街、道路、乡村、田野、河岸、山林中，其“绿廊”中的植物种类、数量、空间分布及有机组合，既不完全等同于城市绿地，又不完全等同于近自然的山地人工林，在群落构成及森林景观构建上，根据绿道类型及区位，有一定的独特性。珠三角目前已建成6条区域绿道，串联200多处森林公园、自然保护区、风景名胜区、郊野公园、滨水公园和历史文化遗迹等发展节点，连接广佛肇（广州、佛山、肇庆）、深莞惠（深圳、东莞、惠州）、珠中江（珠海、中山、江门）三大都市区，具体如下。

（1）1号绿道：主线长约310 km，沿珠江西岸布局，以大山大海为特色，西起肇庆波海湖公园，经佛山、广州、中山至珠海观澳平台，途经50多个发展节点。

（2）2号绿道：主线长约470 km，沿珠江东岸布局，以山川田海为特色，北起广州流溪河国家森林公园，经增城、东莞、深圳，南至惠东稔平半岛巽寮湾滨海度假村，途经50多个发展节点。

（3）3号绿道：主线长约360 km，横贯珠三角，以文化休闲为特色，西起江门帝都温泉，经中山、广州、东莞，东至惠州横沥黄沙洞自然保护区，途经60多个发展节点。

（4）4号绿道：主线长约220 km，纵贯珠三角中部，以生态休闲为特色，北起广州芙蓉嶂水源保护区，向南途经佛山、珠海，南至珠海御温泉度假村，途经20多个发展节点。

（5）5号绿道：主线长约120 km，纵贯珠三角东部，以生态休闲为特色，北起惠州罗浮山自然保护区，途经东莞、深圳，南至深圳银湖山郊野公园，途经20多个发展节点。

（6）6号绿道：主线长约210 km，纵贯珠三角西部，沿西江布局，以滨水休闲为特色，北起肇庆贞山，向南途经佛山、江门，南至江门银湖湾湿地公园及古兜温泉，途经16个发展节点。

二、研究方法

本研究根据珠三角省立区域绿道的地理位置及目标功能，确定都市、郊野、生态3种不同绿道类型。将每条绿道的起点作为第一个样方，沿绿道行进，每间隔5 km设置1个与绿道平行、宽度为5～20 m、长度为20～80 m的400 m^2样方（因绿道植物大多呈线性分布，保证纵向宽度最大化），为取得更多信息，可增加调查沿途所经驿站大小相同样方内的乔木、灌木和地被，对胸径（*DBH*）≥3 cm的乔木，记录每木种名、树高、胸径、冠幅、枝下高、种植方式等因子；对株高≥50 cm的灌木，记录每木种名、树高、冠幅（或盖度）、种植方式等因子；对20 cm≤株高≤100 cm的呈斑块状的地被，记录其盖度、株高、种植密度、种植方式等因子。

本研究在广州、深圳、珠海、佛山、东莞、中山6个地级市6条省立绿道中，共抽取有效样方302个，其中都市绿道类型有99个，郊野绿道类型有122个，生态绿道类型有81个。本研究根据样方调查结果，采用物种丰富度（*S*）、Simpson指数*D*、Shannon-Wiener指数*H*和群落均匀度，以及重要值指标，分析绿道林多样性指数。

三、结果与分析

（一）组成特征

珠三角6条省立区域绿道森林群落结构大多属人工营建，设计者根据植物适应性、植物形态特征、社会需求、个人的知识积累程度及偏好而决定。经调查，珠三角区域绿道使用的植物非常丰富，在302个样方中，应用的植物有78科175属243种，其中蕨类植物1科1属1种，裸子植物5科7属7种，被子植物72科167属235种。被子植物中，双子叶植物56科124属178种，单子叶植物16科43属57种。种类超过10种的科依次是桑科（Moraceae）3属21种、棕榈科（Arecaceae）13属18种、桃金娘科（Myrtaceae）9属16种、大戟科（Euphorbiaceae）9属14种、夹竹桃科（Apocynaceae）7属13种、龙舌兰科（Agavaceae）9属13种、苏木科（Caesalpiniaceae）6属12种、马鞭草科（Verbenaceae）3属11种、百合科

（Liliaceae）7属10种，占科总数量的11.54%。有32个科，仅有1种植物，占总科数的41.03%。从3种不同绿道类型的植物应用方面分析，都市型使用的植物最多，郊野型次之，生态型最少（表6-1）。以上结果说明目前珠三角绿道建设存在重城区、轻郊外现象。

表6-1　珠三角省立绿道不同绿道类型植物科、属、种比较

类型		科		属		种	
		数量	比例/%	数量	比例/%	数量	比例/%
乔木	都市型	26	33.34	61	34.86	89	36.63
	郊野型	30	38.46	55	31.43	83	34.16
	生态型	30	38.46	49	28.00	60	24.70
灌木	都市型	35	44.87	55	31.43	71	29.22
	郊野型	31	39.74	45	25.71	60	24.70
	生态型	23	29.49	29	16.57	33	13.58
地被	都市型	39	50.00	57	32.57	74	30.45
	郊野型	33	42.31	48	27.43	66	27.16
	生态型	28	35.90	41	23.43	46	18.93

（二）垂直及水平分布特征

1. 垂直分布特征

珠三角省立绿道森林群落在垂直方向上可分为4～5层，其中乔木层2～3层，灌木、地被各1层。乔木层高度为3～25 m不等，上层乔木一般为10～20 m，个别乔木如南洋楹、尾叶桉、柠檬桉等因其生长习性及种植时间较长，达到20 m以上。在乔木层统计中，3～10 m的下层乔木最多，共有5 778株，占总株数的82.43%；10～20 m的中层乔木次之，共有866株，占总株数的12.35%；大于20 m及小于3 m的乔木数量较少，只有366株，占总株数的5.22%。造成下层乔木数量偏多、优势层乔木数量偏少的主要原因是目前用于绿道建设的植物大多与绿道建设同步，年龄不大，而且在种植前，为保证苗木成活，几乎对植株均进行了截干及修剪。而灌木层高度一般为0.5～3.0 m，大多数灌木高度为1.0～2.0 m，个别灌木如细叶紫薇、红花夹竹桃的高度达到近3.0 m。经统计，高度为1.0～2.0 m的灌木共有3 291株，占总数量的58.87%；高度小于1.0 m的灌木有1 191株，占总

数量的21.31%；高度大于2.0 m的灌木有1 108株，占总数量的19.82%。斑块地被层一般高0.2～1.0 m，以高0.4～0.6 m的斑块地被居多，共有19 150 m^2，占总面积的72.00%；大于0.6 m的次之，有3 256 m^2，占总面积的12.24%；小于0.4 m的有4 192 m^2，占总面积的15.76%。据302个400 m^2的样方统计，用乔木作为上层优势树种，垂直结构具3层以上的样方有273个，占90.4%，垂直结构具2层的样方有15个，占5.0%，没有乔木层的样方只有14个，仅占4.6%，乔木应用的比例最大，说明乔木依然是构成绿道森林群落的重要主体。对3种不同绿道类型样方进行分析，99个都市型绿道样方均以乔木为上层优势树种，比例达到100%；在郊野型绿道的122个样方中，以乔木为上层优势树种的有118个，比例中等；而在生态型绿道的81个样方中，以乔木为上层优势树种的样方仅有71个，比例最小（表6-2）。以上结果与珠三角城镇人工绿地及近郊人工林森林群落结构组成大体相同。

表6-2　不同绿道类型垂直分布特征比较

绿道类型	样方数量	乔+灌+地	乔+灌	乔+地	乔木	灌木	灌+地	地
都市	99	79	3	13	4	0	0	0
郊野	122	74	8	27	9	1	3	0
生态	81	37	30	2	2	—	1	9
合计	302	190	41	42	15	1	4	9

2. 水平分布特征

从乔木径级水平的分布来看，珠三角省立绿道森林群落的乔木径级结构，最小径级为3 cm，最大径级为320 cm，从小径级到大径级呈先升后降态势，胸径（*DBH*）＜10 cm的乔木有2 501株，占整个乔木数量的35.65%；10 cm≤胸径（*DBH*）＜20 cm的乔木数量最多，有2 923株，占整个乔木数量的41.67%；胸径（*DBH*）≥50 cm的乔木只有67株，仅占整个乔木数量的0.96%。造成乔木如此分布的主要原因是目前绿道系统的植物大多与绿道建设同步，树木平均年龄不大。根据302个调查样方统计结果，每个样方平均乔木数量为23.2株，胸高断面积为9 134.67 cm^2，重要值排前10位的分别是细叶榕、尾叶桉、大叶紫薇、南洋楹、非洲桃花心、木棉、杧果、龙眼、美丽异木棉、红花羊蹄甲，荔枝及黄槐虽数量较多和使用频度较高，但因胸高断面积较小，未能进入前10位。对3种不同的绿道类型进行分析，都市型绿道重要值排名前10位的乔木偏向景观功能较好的乔木；

生态型绿道则充分利用尾叶桉、龙眼、荔枝等原有树种，在重要值排名前10位的乔木中，有5种属经济型；郊野型绿道则介于两者之间（表6-3）。

表6-3 不同绿道类型乔木层重要值排名前10位的乔木比较

绿道类型	树种	样方出现频次/次	苗木数量/株	平均胸径/cm	最大胸径/cm	相对多度/%	相对频度/%	相对显著度/%	重要值/%
都市	细叶榕（*Ficus microcarpa*）	32	181	42.0	320.0	7.58	32.32	25.89	65.79
	南洋楹（*Falcataria falcata*）	16	219	24.0	—	9.17	16.16	10.13	35.46
	木棉（*Bombax ceiba*）	19	81	21.0	32.5	3.39	19.19	3.00	25.58
	非洲桃花心（*Khaya senegalensis*）	11	163	22.0	40.0	6.82	11.11	6.73	24.67
	盆架子（*Alstonia scholaris*）	13	94	17.0	27.5	3.93	13.13	2.13	19.19
	澳洲鸭脚木（*Schefflera macrostachya*）	9	197	7.0	2.0	8.25	9.09	0.69	18.03
	大叶紫薇（*Lagerstroemia speciosa*）	14	61	10.0	16.5	2.55	14.14	0.53	17.22
	垂叶榕（*Ficus benjamina*）	10	130	11.0	20.0	5.44	10.10	1.31	16.85
	红花羊蹄甲（*Bauhinia blakeana*）	12	68	17.0	40.3	2.85	12.12	1.58	16.54
	鸡蛋花（*Plumeria rubra*）	13	61	9.0	15.0	2.55	13.13	0.44	16.12
郊野	细叶榕（*Ficus microcarpa*）	24	245	32.4	200.0	8.00	19.70	12.80	40.50
	尾叶桉（*Eucalyptus urophylla*）	9	480	18.9	60.0	15.70	7.40	8.60	31.70
	垂叶榕（*Ficus benjamina*）	13	220	20.0	48.0	7.20	10.70	4.40	22.30
	樟树（*Camphora officinarum*）	14	66	22.5	55.4	2.20	11.50	1.70	15.30
	大叶紫薇（*Lagerstroemia speciosa*）	13	88	9.6	15.0	2.90	10.70	0.40	13.90
	非洲桃花心（*Khaya senegalensis*）	11	85	20.1	37.5	2.80	9.00	1.70	13.50
	落羽杉（*Taxodium distichum*）	6	159	18.7	42.0	5.20	4.90	2.80	12.90
	盆架子（*Alstonia scholaris*）	10	63	19.4	39.0	2.10	8.20	1.20	11.40
	杧果（*Mangifera indica*）	9	60	18.8	33.8	2.00	7.40	1.10	10.40
	木棉（*Bombax ceiba*）	10	31	26.2	68.0	1.00	8.20	1.10	10.30

续表

绿道类型	树种	样方出现频次/次	苗木数量/株	平均胸径/cm	最大胸径/cm	相对多度/%	相对频度/%	相对显著度/%	重要值/%
生态	细叶榕（*Ficus microcarpa*）	13	74	30.1	120.0	4.66	16.05	21.85	42.56
	龙眼（*Dimocarpus longan*）	19	139	6.2	19.3	8.75	23.46	1.74	33.95
	荔枝（*Litchi chinensis*）	12	110	7.2	19.6	6.93	14.81	1.86	23.60
	大叶紫薇（*Lagerstroemia speciosa*）	11	111	7.9	13.0	6.99	13.58	2.26	22.83
	尾叶桉（*Eucalyptus urophylla*）	7	65	20.8	23.3	4.09	8.64	9.17	21.90
	香蕉（*Musa acuminata*）	4	154	9.0	15.0	9.70	4.94	4.07	18.70
	美丽异木棉（*Ceiba speciosa*）	7	50	19.0	21.6	3.15	8.64	5.88	17.67
	尖叶杜英（*Elaeocarpus rugosus*）	11	22	18.9	18.9	1.39	13.58	2.56	17.53
	黄皮（*Clausena lansium*）	12	30	4.5	12.0	1.89	14.81	0.20	16.90
	杧果（*Mangifera indica*）	10	45	9.8	5.3	2.83	12.35	1.41	16.59

从灌木个体的冠幅覆盖水平来看，珠三角省立绿道森林群落的灌木冠幅最小为0.3 m，最大为4.0 m，冠幅从小到大呈先升后降态势。其中，冠幅≥0.5 m且＜1.0 m的灌木有1 782株，占整个灌木数量的44.31%；冠幅≥1.0 m且≤1.5 m的灌木有1 943株，占整个灌木数量的48.31%；冠幅≥3.5 m的灌木只有80株，占整个灌木数量的2.0%。根据302个调查样方统计结果，每个样方平均灌木数量有13.3株，平均冠幅17.50 m，重要值排前10位的灌木分别是灰莉、细叶紫薇、朱槿、黄金榕、红花檵木、夹竹桃、桂花、红绒球、簕杜鹃、花叶假连翘。对3种不同的绿道类型进行分析，都市、郊野及生态3种绿道类型重要值排名前10位的灌木只有14个树种，相似度非常高，主要归因于大多数灌木都是后期种植，而且相比其他树种，目前所应用的树种观赏性、抗逆性及适应性更强（表6–4）。

表6-4　不同绿道类型灌木层重要值排名前10位的灌木比较

绿道类型	树种	样方出现频次/次	苗木数量/株	平均冠幅/cm	最大冠幅/cm	相对多度/%	相对频度/%	相对显著度/%	重要值/%
都市	细叶紫薇（*Lagerstroemia indica*）	20	131	2.10	3.20	6.53	20.20	13.15	39.88
	黄金榕（*Ficus microcarpa* 'Golden Leaves'）	24	147	1.17	2.10	7.32	24.24	4.58	36.15
	灰莉（*Fagraea ceilanica*）	20	156	1.25	2.00	7.77	20.20	5.55	33.52
	红花檵木（*Loropetalum chinense*）	18	142	0.86	1.20	7.08	18.18	2.39	27.65
	夹竹桃（*Nerium oleander*）	3	137	2.23	3.50	6.83	3.03	15.51	25.37
	朱槿（*Hibiscus rosa-sinensis*）	14	98	1.15	2.30	4.88	14.14	2.95	21.98
	簕杜鹃（*Bougainvillea spectabilis*）	12	65	0.94	1.20	3.24	12.12	1.31	16.67
	桂花（*Osmanthus fragrans*）	10	69	1.40	2.10	3.44	10.10	3.08	16.62
	花叶假连翘（*Duranta erecta* 'Variegata'）	4	110	1.25	2.00	5.48	4.04	3.91	13.43
	红绒球（*Calliandra haematocephala*）	6	61	1.58	2.40	3.04	6.06	3.47	12.57
郊野	朱槿（*Hibiscus rosa-sinensis*）	20	252	1.21	2.00	15.91	16.39	12.75	45.05
	灰莉（*Fagraea ceilanica*）	19	169	1.15	2.00	10.67	15.57	7.72	33.96
	细叶紫薇（*Lagerstroemia indica*）	15	127	1.62	3.00	8.02	12.30	11.51	31.83
	黄金榕（*Ficus microcarpa* 'Golden Leaves'）	17	115	1.13	1.60	7.26	13.93	5.07	26.27
	夹竹桃（*Nerium oleander*）	2	40	3.25	5.00	2.53	1.64	14.60	18.76
	红花檵木（*Loropetalum chinense*）	11	91	0.90	2.00	5.74	9.02	2.55	17.31
	双荚槐（*Casin bicapsularis*）	7	97	1.15	2.00	6.12	5.74	4.43	16.29
	花叶假连翘（*Duranta erecta* 'Variegata'）	9	62	1.33	2.00	3.91	7.38	3.79	15.08
	黄金香柳（*Melaleuca bracteata* 'Revolution Gold'）	6	53	1.58	2.00	3.35	4.92	4.57	12.83
	红绒球（*Calliandra haematocephala*）	6	56	1.30	2.00	3.54	4.92	3.27	11.72

续表

绿道类型	树种	样方出现频次/次	苗木数量/株	平均冠幅/cm	最大冠幅/cm	相对多度/%	相对频度/%	相对显著度/%	重要值/%
生态	灰莉（*Fagraea ceilanica*）	14	244	1.13	2.00	21.84	17.28	14.45	53.58
	桂花（*Osmanthus fragrans*）	10	113	1.55	2.50	10.12	12.35	12.59	35.06
	朱槿（*Hibiscus rosa-sinensis*）	7	140	1.19	1.50	12.53	8.64	9.20	30.37
	红花檵木（*Loropetalum chinense*）	9	93	1.06	1.40	8.33	11.11	4.85	24.28
	细叶紫薇（*Lagerstroemia indica*）	8	41	2.19	4.00	3.67	9.88	9.12	22.67
	红绒球（*Calliandra haematocephala*）	7	47	1.49	2.70	4.21	8.64	4.84	17.69
	簕杜鹃（*Bougainvillea spectabilis*）	3	55	1.13	1.20	4.92	3.70	3.26	11.89
	狗牙花（*Tabernaemontana divaricata*）	4	26	1.30	2.50	2.33	4.94	2.04	9.30
	黄金香柳（*Melaleuca bracteata* 'Revolution Gold'）	4	26	1.23	1.70	2.33	4.94	1.82	9.09
	九里香（*Murraya exotica*）	3	35	1.07	1.20	3.13	3.70	1.86	8.70

从地被盖度水平分析，珠三角省立绿道森林群落的斑块地被丰富多样，盖度大小不一，斑块最大面积为400 m^2，为鹅掌柴、花叶假连翘，斑块最小面积为1.2 m^2，为银边草。斑块面积≥200 m^2的有20块，总面积达到6 574 m^2；斑块面积≤10 m^2的有156块，总面积达到989.7 m^2。大多数斑块面积为10～50m^2，其斑块数量为329块，总面积达到8 655.4 m^2，占绿道斑块总量611块和总面积26 598.16 m^2的53.85%和32.54%。根据302个样方调查结果，有地被的样方共有245个，无地被的样方共有57个，平均每个样方地被盖度为88.07 m^2，重要值排前10位的地被植物分别是蟛蜞菊、鹅掌柴、花叶假连翘、蜘蛛兰、龙船花、银边草、红背桂、黄金榕、花叶艳山姜和海芋。对3种不同的绿道类型进行分析，都市、郊野及生态3种绿道类型重要值排名前10位的地被共有18个，其中蟛蜞菊、鹅掌柴、蜘蛛兰、花叶假连翘应用较广泛，相似度非常高，其主要原因归根于此类地被都是后期种植，而且相比其他植物，其适应性、抗逆性更强，后期维护成本低，同时又具有较好的观赏性（表6-5）。

表6-5　不同绿道类型地被层重要值排名前10位的地被比较

绿道类型	种类	样方出现频次/次	苗木盖度/m^2	平均盖度/m^2	最大盖度/m^2	相对多度/%	相对频度/%	相对显著度/%	重要值/%
都市	蟛蜞菊（*Sphagneticola calendulacea*）	16	1 664.0	110.9	340.0	19.72	16.16	18.81	54.69
	银边草（*Arrhenatherum elatius*）	44	134.8	33.7	120.0	1.60	44.44	1.52	47.57
	花叶假连翘（*Duranta erecta* 'Variegata'）	18	650.5	36.1	103.0	7.71	18.18	7.35	33.24
	鹅掌柴（*Heptapleurum heptaphyllum*）	15	740.0	49.3	400.0	8.77	15.15	8.36	32.28
	蜘蛛兰（*Hymenocallis littoralis*）	21	543.2	27.1	169.0	4.12	21.21	6.14	31.47
	龙船花（*Ixora chinensis*）	11	285.6	26.0	146.0	3.38	11.11	3.23	17.72
	红背桂（*Excoecaria cochinchinensis*）	10	231.0	23.1	80.0	2.74	10.10	2.61	15.45
	花叶艳山姜（*Alpinia zerumbet*）	12	131.6	11.0	31.3	1.00	12.12	1.49	14.61
	肾蕨（*Nephrolepis cordifolia*）	6	299.0	60.0	242.0	5.10	6.06	3.38	14.54
	黄金榕（*Ficus microcarpa* 'Golden Leaves'）	7	260.9	37.3	86.4	3.09	7.07	2.95	13.11
郊野	蟛蜞菊（*Sphagneticola calendulacea*）	15	1 920.0	12.08	300.0	19.81	12.30	18.81	50.91
	鹅掌柴（*Heptapleurum heptaphyllum*）	18	653.0	36.3	100.0	6.74	14.75	6.39	27.89
	花叶假连翘（*Duranta erecta* 'Variegata'）	15	800.6	53.4	400.0	8.26	12.30	7.84	28.39
	福建茶（*Carmona microphylla*）	8	737.4	92.2	400.0	7.61	6.56	7.22	21.39
	红背桂（*Excoecaria cochinchinensis*）	14	323.6	24.9	69.0	3.34	11.48	3.17	17.98
	黄金榕（*Ficus microcarpa* 'Golden Leaves'）	10	333.6	33.4	110.8	3.44	8.20	3.27	14.91
	蜘蛛兰（*Hymenocallis littoralis*）	9	448.0	49.8	160.0	2.96	7.38	4.39	14.72
	龙船花（*Ixora chinensis*）	10	265.4	26.5	100.0	2.74	8.20	2.60	13.53
	毛杜鹃（*Rhododendron* × *pulchrum*）	7	312.5	44.6	96.0	3.22	5.74	3.06	12.02
	朱槿（*Hibiscus rosa-sinensis*）	6	203.0	40.6	100.0	2.09	4.92	3.27	11.72

续表

绿道类型	种类	样方出现频次/次	苗木盖度/m^2	平均盖度/m^2	最大盖度/m^2	相对多度/%	相对频度/%	相对显著度/%	重要值/%
生态	蟛蜞菊（*Sphagneticola calendulacea*）	7	1 056.0	150.9	310.0	20.05	8.64	17.45	46.15
	花叶假连翘（*Duranta erecta* 'Variegata'）	7	340.8	21.3	76.0	6.47	8.64	5.63	20.75
	鹅掌柴（*Heptapleurum heptaphyllum*）	6	375.0	62.5	100.5	7.12	7.41	6.20	20.73
	野牡丹（*Melastoma malabathricum*）	4	358.0	89.5	160.0	6.80	4.94	5.92	17.65
	海芋（*Alocasia macrorrhiza*）	7	335.4	48.0	300.0	2.29	8.64	5.54	16.48
	蜘蛛兰（*Hymenocallis littoralis*）	9	176.0	19.6	54.0	2.14	11.11	2.91	16.16
	米兰（*Aglaia odorata*）	3	335.0	112.0	160.0	6.36	3.70	5.54	15.60
	花叶艳山姜（*Alpinia zerumbet*）	6	207.0	29.6	62.5	3.93	7.41	3.42	14.76
	白花鬼针草（*Bidens pilosa*）	1	400.0	400.0	400.0	4.86	1.23	6.61	12.71
	紫花马缨丹（*Lantana camara*）	4	173.0	43.3	57.6	4.73	4.94	2.86	12.53

（三）群落多样性

群落多样性通常是由植物物种组成、层次结构、服务功能和动态等方面的异质性表现出来，它是景观丰富度的前提，其中植物物种与数量的多少，不但影响绿道景观质量，而且直接影响该群落的生态效益。经302个样方调查数据分析（图6-1）得知：丰富度最高的为乔木层，达到133种，灌木层与地被层的丰富度比较接近，分别达到96种和101种。而且不同冠层的Simpson指数（D）都比较高，乔木、灌木、地被3层分别为0.970、0.956、0.942，差异不大。不同冠层的Shannon-Winer指数（H）都在5.174以上。另外，各个冠层的群落均匀度差异不大，地被层的群落均匀度相对弱于其他冠层。

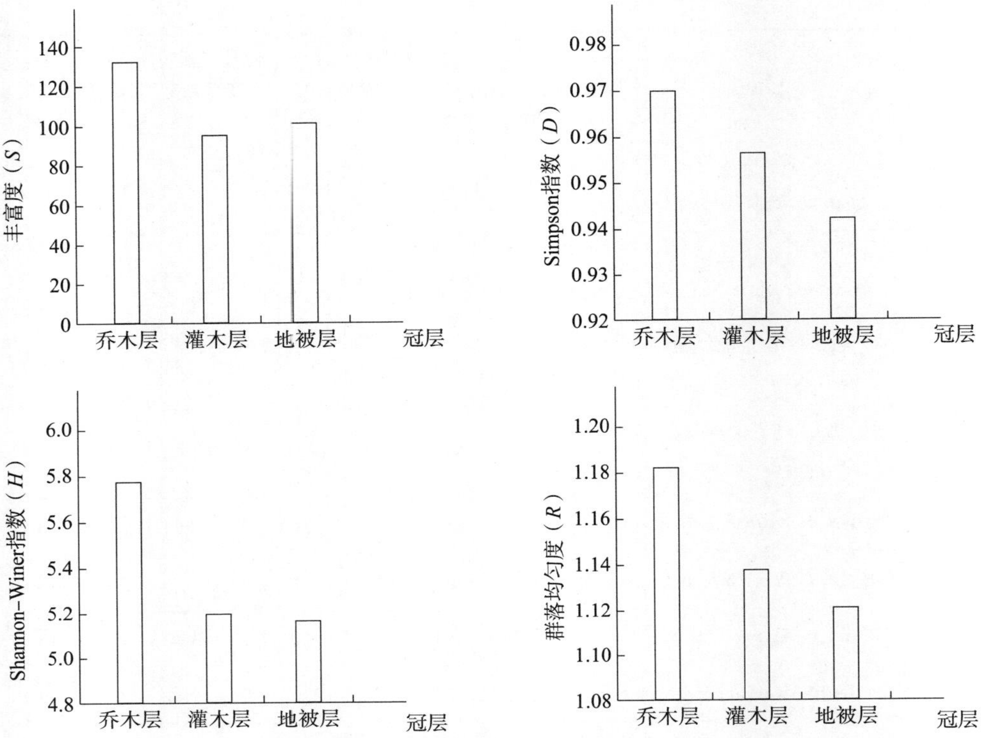

图6-1　珠三角省立绿道不同冠层植物多样性比较

纵观3种不同绿道类型的多样性（表6-6），就乔木层而言，其丰富度排序依次为都市型＞郊野型＞生态型。在物种多样性指数方面，都市型绿道Simpson指数（D）和Shannon-Winer指数（H）最高，说明都市型绿道的种类数量比较多，每个种类个体数量比较接近，数量分布均匀性高。在群落均匀度（R）方面，3个类型的差异性不大，其中生态型的最大，郊野型的最小。郊野型的虽然丰富度比较高，但群落均匀度（R）较小，数量分布均匀性一般。

表6-6　珠三角省立绿道不同绿道类型植物多样性比较

绿道类型	乔木层				灌木层				地被层			
	丰富度	Simpson指数	Shannon-Winer指数	均匀度	丰富度	Simpson指数	Shannon-Winer指数	均匀度	丰富度	Simpson指数	Shannon-Winer指数	均匀度
都市型	89	0.966	5.537	1.234	71	0.958	5.039	1.182	74	0.938	4.874	1.132
郊野型	83	0.936	5.170	1.152	60	0.948	4.872	1.190	66	0.934	4.779	1.141
生态型	60	0.961	5.153	1.258	33	0.918	4.107	1.175	46	0.934	4.485	1.171

在灌木层物种多样性指数方面，其物种丰富度、Simpson指数（D）和Shannon–Winer指数（H）都表现为都市型＞郊野型＞生态型。都市型的植物种类数量也是最多的，每个种类个体数量比较接近，数量分布均匀性高；其次为郊野型，其种类数量比较多，数量分布也比较均匀；生态型的物种多样性指数都是最低的，说明其植物物种数量最低，数量分布比较不均匀。

在地被层物种多样性指数方面，丰富度最高的为都市型，其次为郊野型，最低的是生态型。都市型、郊野型和生态型的Simpson指数（D）和Shannon–Winer指数（H）差异性不大，而在Shannon–Winer指数（H）方面，都市型略高于郊野型，达到4.874，生态型最小，只有4.485。群落均匀度（R）最大的为生态型，其次为郊野型，最小的为都市型，但三者差异甚小。

综合以上内容分析，物种多样性指标最高的绿道类型为都市型，其次为郊野型，最低的为生态型。都市型绿道的资金投入比其他类型的高，而且在绿道规划过程中对物种多样性比较重视，因此在绿道建设中，一般会通过引入更加丰富的物种，来提高其多样性。而生态型绿道，因其所处的地理位置不同，在规划时，则注重充分利用原有物种，同时受土地所有权和经营权制约，物种使用较少。郊野型绿道则介于两者之间。

四、绿道林构建技术指引

在空间分布及有机组合上，都市型绿道除重点打造乔木层外，更注重乔木、灌木、地被的有机配置，既要绿量，又突出景观，在调查的99个样方中，所有样方均具有乔木层，具复层以上结构的配植占96.0%；而郊野型绿道具乔木层的样方占调查样方的96.7%，具复层以上结构的配植占89.3%；生态型绿道具乔木层的样方最少，只占调查样方的87.7%，具复层以上结构的配植占85.2%。

在植物种类、数量上，在所调查的样方中，就乔木种类的应用而言，除适应性强、“绿量”大外，都市型绿道树种注重观赏性；而郊野型绿道树种突出抗逆性强，并兼顾一定的经济性；生态型绿道树种比较偏向经济树种。这一点通过3种类型绿道重要值靠前的树种可以证实。而灌木及地被层植物，则差异不大，相似度较高，抗逆性都较强，同时兼顾观赏性。

在植物多样性方面，乔木层的多样性最丰富，灌木层与地被层比较接近，灌木层稍高于地被层。综合3种类型绿道的多样性指标分析比较，总体呈都市型＞

郊野型>生态型的态势。

本研究通过研究绿道植物组成，以植物群落结构和物种多样性特征为研究目标，旨在科学地优化绿道植物景观结构，为建立一个稳定的绿道森林群落提供科学依据。通过本研究，作者认为：

（1）基于目前政府对城市的整体景观协调性要求较高和社会需求不同，在绿道人工植物群落结构设置上，都市型及近郊绿道、郊野型及生态型绿道的驿站等人流多的地方，可选择以复层结构为主的人工植物群落，而远郊绿道或生态型绿道，可选择以乔木为主的双层林或以单层乔木林为主。

（2）从植物选择上来说，都市型绿道与近郊绿道应以常绿，绿量大，吸收CO_2、SO_2、氰化物及粉尘滞留能力强的植物为主。远郊绿道或生态型绿道可选择具有特色或特点明显的植物树种，形成“一路一景”，吸引市民前往游憩休闲；同时可充分利用植物的生理、生态特征与特点，在满足植物生态景观群落结构的前提下，向驿站两侧延伸段落，设置季花园、叶色园、“芳香园”“精气园”等小型主题园区，吸引游客。

珠三角不同类型城镇森林的要素组成与景观特征存在差异，需根据不同城镇森林类型确定景观类型和基调树种，然后结合基调树种观赏特质、最佳景观期等因素来具体规划。珠三角不同类型城镇森林的要素组成与景观特征见表6-7。

表6-7　珠三角不同类型城镇森林的要素组成与景观特征

城镇森林类型	景观类型	基调树种	所属科	观赏特质	最佳景观期	主要龄级区间	数量比例/%	相对频度	相对密度	相对覆盖度	重要值
山地丘陵风景林	纯松树林	马尾松（*Pinus massoniana*）	松科	常绿	全年	10～20	40.00	—	—	—	—
		湿地松（*Pinus elliottii*）	松科	常绿	全年	10～20	50.00	—	—	—	—
	纯桉树林	尾叶桉（*Eucalyptus urophylla*）	桃金娘科	观形	全年	15～30	70.00	—	—	—	—
		窿缘桉（*Eucalyptus exserta*）	桃金娘科	观形	全年	15～25	20.00	—	—	—	—
	纯相思林	大叶相思（*Acacia auriculiformis*）	豆科	观花	秋	10～15	30.00	—	—	—	—
		马占相思（*Acacia mangium*）	豆科	观花	秋	10～15	30.00	—	—	—	—
		台湾相思（*Acacia confusa*）	豆科	观花	夏	10～15	20.00	—	—	—	—
	天然次生生态风景林	鹅掌柴（*Heptapleurum heptaphyllum*）	五加科	观花、观果	3—4月、10—11月	6～15	8.80	0.121 4	0.088 0	0.251 0	0.460 4
		潺槁木姜子（*Litsea glutinosa*）	樟科	观花、观果	初夏、秋	8～15	7.35	0.075 0	0.073 0	0.135 2	0.283 7
		中华润楠（*Machilus chinensis*）	樟科	观叶	3—7月	8～15	5.34	0.084 0	0.053 4	0.123 3	0.260 7
		假苹婆（*Sterculia lanceolata*）	锦葵科	观果	4—5月	10～15	6.33	0.075 0	0.033 5	0.135 2	0.243 7
		山苍子（*Litsea cubeba*）	樟科	观花	2—3月	4～8	3.35	0.084 0	0.023 4	0.123 3	0.230 7
		降真香（*Acronychia pedunculata*）	芸香科	观花、观果	3—4月、11—12月	5～10	2.34	0.095 9	0.063 3	0.051 0	0.210 2
		山乌桕（*Triadica cochinchinensis*）	大戟科	观叶	11—12月	6～12	4.33	0.095 9	0.043 3	0.051 0	0.190 2

续表

城镇森林类型	景观类型	基调树种	所属科	观赏特质	最佳景观期	主要龄级区间	数量比例/%	相对频度	相对密度	相对覆盖度	重要值
山地丘陵风景林	生态风景林	黧蒴锥（*Castanopsis fissa*）	壳斗科	观花	春	8～15	7.90	0.062 5	0.079 0	0.124 9	0.266 4
		樟树（*Camphora officinarum*）	樟科	观形	全年	10～20	12.22	0.062 5	0.122 2	0.071 3	0.256 0
		木荷（*Schima superba*）	山茶科	观花	春	10～15	9.79	0.072 1	0.097 9	0.067 0	0.237 0
		米老排（*Mytilaria laosensis*）	金缕梅科	观叶	全年	8～15	8.11	0.048 1	0.081 1	0.086 3	0.215 5
		海南红豆（*Ormosia pinnata*）	豆科	观果	秋、冬	8～15	5.60	0.024 0	0.056 0	0.063 5	0.143 5
		红花荷（*Rhodoleia championii*）	金缕梅科	观花	春	6～10	4.49	0.048 1	0.044 9	0.037 1	0.130 1
		枫香树（*Liquidambar formosana*）	金缕梅科	观色叶	冬	6～10	4.89	0.043 3	0.048 9	0.032 0	0.124 2
		山杜英（*Elaeocarpus sylvestris*）	杜英科	观形	全年	10～15	5.07	0.038 5	0.050 7	0.032 4	0.121 6
		醉香含笑（*Michelia macclurei*）	木兰科	观形	全年	12～18	2.30	0.043 3	0.023 0	0.009 0	0.075 3
		红锥（*Castanopsis hystrix*）	壳斗科	观叶	全年	15～20	2.83	0.044 4	0.026 3	0.004 1	0.074 8
公园风景游憩林	城区公园、绿地	细叶榕（*Ficus microcarpa*）	桑科	观形	全年	30～50	15.20	0.156 0	0.152 0	0.306 0	0.614 0
		高山榕（*Ficus altissima*）	桑科	观形	全年	40～60	9.80	0.101 4	0.098 0	0.251 0	0.450 4
		美丽异木棉（*Ceiba speciosa*）	锦葵科	观花	秋、冬	15～30	9.53	0.085 9	0.095 3	0.105 2	0.286 4
		宫粉羊蹄甲（*Bauhinia variegata*）	豆科	观花	春	15～25	7.23	0.052 3	0.072 3	0.123 1	0.247 7
		红花羊蹄甲（*Bauhinia* × *blakeana*）	豆科	观花	春	15～25	7.15	0.035 0	0.071 5	0.135 2	0.241 7
		木棉（*Bombax ceiba*）	锦葵科	观花	早春	15～25	6.84	0.043 6	0.068 4	0.096 2	0.208 2
道路景观林	交通干道红线范围	细叶榕（*Ficus microcarpa*）	桑科	观形	全年	30～50	13.32	0.189 6	0.133 2	0.214 5	0.537 3
		美丽异木棉（*Ceiba speciosa*）	锦葵科	观花	秋、冬	15～30	10.15	0.122 3	0.101 5	0.135 6	0.359 4
		红花羊蹄甲（*Bauhinia* × *blakeana*）	苏木科	观花	春	10～20	9.28	0.096 7	0.092 8	0.142 1	0.331 6
		小叶榄仁（*Terminalia neotaliala*）	使君子科	观形	全年	15～25	6.31	0.056 1	0.063 1	0.136 5	0.255 7
		杧果（*Mangifera indica*）	漆树科	观形	夏	12～18	3.50	0.051 4	0.035 0	0.088 6	0.175 0

续表

城镇森林类型	景观类型	基调树种	所属科	观赏特质	最佳景观期	主要龄级区间	数量比例/%	相对频度	相对密度	相对覆盖度	重要值
田园林	农田林网	落羽杉（*Taxodium distichum*）	杉科	观形、观叶	春、夏、秋	18～30	27.58	0.214 8	0.275 8	0.258 9	0.749 5
		池杉（*Taxodium distichum* var. *imbricatum*）	杉科	观形	春、夏、秋	18～30	9.17	0.107 4	0.091 7	0.101 3	0.300 4
		水松（*Glyptostrobus pensilis*）	杉科	观形	全年	18～30	6.82	0.073 8	0.068 2	0.067 3	0.209 3
		荔枝（*Litchi chinensis*）	无患子科	观果	6—7月	20～40	3.00	0.127 5	0.033 9	0.030 0	0.191 4
		龙眼（*Dimocarpus longan*）	无患子科	观果	6—7月	20～40	2.25	0.060 4	0.022 5	0.006 9	0.089 8
		黄皮（*Clausena lansium*）	芸香科	观果	7—8月	10～25	1.15	0.053 0	0.011 5	0.006 1	0.070 6
滨海森林	红树林	无瓣海桑（*Sonneratia apetala*）	海桑科	观形	全年	18～30	35.32	0.120 6	0.353 2	0.253 1	0.726 9
		秋茄（*Kandelia obovata*）	红树科	观形	全年	5～8	20.65	0.116 3	0.206 5	0.261 4	0.584 2
		海桑（*Sonneratia caseolaris*）	海桑科	观形	全年	18～25	14.54	0.103 2	0.145 4	0.125 6	0.374 2
		银叶树（*Heritiera littoralis*）	锦葵科	观形	全年	10～12	11.27	0.056 8	0.112 7	0.096 2	0.265 7
		杨叶肖槿（*Thespesia populnea*）	锦葵科	观形	全年	8～12	5.36	0.054 7	0.053 6	0.085 1	0.193 4
社区林	社区小游园、组团绿地	高山榕（*Ficus altissima*）	桑科	观形	全年	50～80	9.80	0.121 4	0.098 0	0.251 0	0.470 4
		红花羊蹄甲（*Bauhinia* × *blakeana*）	豆科	观花	早春	15～25	7.15	0.075 0	0.071 5	0.135 2	0.281 7
		秋枫（*Bischofia javanica*）	叶下珠科	观形	全年	20～40	5.34	0.084 0	0.053 4	0.123 3	0.260 7
		银海枣（*Phoenix sylvestris*）	棕榈科	观形	全年	40～60	6.12	0.095 9	0.061 2	0.051 0	0.208 1
		樟树（*Camphora officinarum*）	樟科	观形	全年	15～30	6.22	0.062 5	0.062 2	0.071 3	0.196 0
		大叶紫薇（*Lagerstroemia speciosa*）	千屈菜科	观花	夏	10～20	6.21	0.056 3	0.062 1	0.069 5	0.187 9

续表

城镇森林类型	景观类型	基调树种	所属科	观赏特质	最佳景观期	主要龄级区间	数量比例/%	相对频度	相对密度	相对覆盖度	重要值
乡村人居林	水口林	细叶榕（*Ficus microcarpa*）	桑科	观形	全年	50～100	15.30	0.269 5	0.153 0	0.263 2	0.685 7
		樟树（*Camphora officinarum*）	樟科	观形	全年	60～80	20.36	0.189 6	0.203 6	0.156 9	0.550 1
		菩提榕（*Ficus religiosa*）	桑科	观形	全年	50～70	10.52	0.125 2	0.105 2	0.128 5	0.358 9
	庭院林	阳桃（*Averrhoa carambola*）	酢浆草科	观果	夏	15～100	20.78	0.151 0	0.207 8	0.152 3	0.511 1
		木瓜（*Chaenomeles sinensis*）	蔷薇科	观果	夏	8～15	30.69	0.128 7	0.306 9	0.066 1	0.501 7
	下垫林	荔枝（*Litchi chinensis*）	无患子科	观果	夏	15～40	30.65	0.226 3	0.306 5	0.263 1	0.795 9
		阳桃（*Averrhoa carambola*）	酢浆草科	观果	夏	15～20	15.23	0.105 4	0.152 3	0.198 8	0.456 5
		龙眼（*Dimocarpus longan*）	无患子科	观果	夏	15～30	12.36	0.098 5	0.123 6	0.086 2	0.308 3
	龙座林	荔枝（*Litchi chinensis*）	无患子科	观果	夏	20～30	25.88	0.187 7	0.128 8	0.263 3	0.579 8
		樟树（*Camphora officinarum*）	樟科	观形	全年	20～60	10.56	0.103 0	0.105 6	0.221 2	0.429 8
		黧蒴锥（*Castanopsis fissa*）	壳斗科	观形	春	15～30	10.90	0.092 3	0.109 0	0.186 3	0.387 6
绿道林	都市型	细叶榕（*Ficus microcarpa*）	桑科	观形	全年	30～50	7.58	0.214 8	0.075 8	0.258 9	0.549 5
		南洋楹（*Falcataria falcata*）	含羞草科	观形	全年	20～30	9.17	0.107 4	0.091 7	0.101 3	0.300 4
		非洲桃花心（*Khaya senegalensis*）	楝科	观形	全年	25～30	6.82	0.073 8	0.068 2	0.067 3	0.209 3
		木棉（*Bombax ceiba*）	锦葵科	观花	早春	20～30	3.39	0.127 5	0.033 9	0.030 0	0.191 4
		澳洲鸭脚木（*Schefflera macrostachya*）	五加科	观形	全年	7～10	8.25	0.060 4	0.082 5	0.006 9	0.149 8
		盆架子（*Alstonia scholaris*）	夹竹桃科	观形	全年	15～20	3.93	0.087 2	0.039 3	0.021 3	0.147 8
		垂叶榕（*Ficus benjamina*）	桑科	观形	全年	10～15	5.44	0.067 1	0.054 4	0.013 1	0.134 6
		大叶紫薇（*Lagerstroemia speciosa*）	千屈菜科	观花	夏	8～15	2.55	0.094 0	0.025 5	0.005 3	0.124 8
		红花羊蹄甲（*Bauhinia × blakeana*）	豆科	观花	春	15～25	2.85	0.080 5	0.028 5	0.015 8	0.124 8
		鸡蛋花（*Plumeria rubra*）	夹竹桃科	观花	夏	7～15	2.55	0.087 2	0.025 5	0.004 4	0.117 1

续表

城镇森林类型	景观类型	基调树种	所属科	观赏特质	最佳景观期	主要龄级区间	数量比例/%	相对频度	相对密度	相对覆盖度	重要值
绿道林	郊野型	细叶榕（*Ficus microcarpa*）	桑科	观形	全年	30～40	8.00	0.197 0	0.080 0	0.128 0	0.405 0
		尾叶桉（*Eucalyptus urophylla*）	桃金娘科	观形	全年	15～25	15.70	0.074 0	0.157 0	0.086 0	0.317 0
		垂叶榕（*Ficus benjamina*）	桑科	观形	全年	18～25	7.20	0.107 0	0.072 0	0.044 0	0.223 0
		樟树（*Camphora officinarum*）	樟科	观形	全年	20～30	2.20	0.115 0	0.022 0	0.017 0	0.154 0
		大叶紫薇（*Lagerstroemia speciosa*）	千屈菜科	观花	夏	8～15	2.90	0.107 0	0.029 0	0.004 0	0.140 0
		非洲桃花心（*Khaya senegalensis*）	楝科	观形	全年	18～30	2.80	0.090 0	0.028 0	0.017 0	0.135 0
		落羽杉（*Taxodium distichum*）	杉科	观形	全年	15～25	5.20	0.049 0	0.052 0	0.028 0	0.129 0
		盆架子（*Alstonia scholaris*）	夹竹桃科	观形	全年	17～25	2.10	0.082 0	0.021 0	0.012 0	0.115 0
		杧果（*Mangifera indica*）	漆树科	观果	夏	15～30	2.00	0.074 0	0.020 0	0.011 0	0.105 0
		木棉（*Bombax ceiba*）	锦葵科	观花	早春	20～30	1.00	0.082 0	0.010 0	0.011 0	0.103 0
	生态型	细叶榕（*Ficus microcarpa*）	桑科	观形	全年	25～40	4.66	0.122 7	0.046 6	0.218 5	0.387 8
		龙眼（*Dimocarpus longan*）	无患子科	观果	夏	5～10	8.75	0.179 3	0.087 5	0.017 4	0.284 2
		荔枝（*Litchi chinensis*）	无患子科	观果	夏	5～10	6.93	0.113 2	0.069 3	0.018 6	0.201 1
		尾叶桉（*Eucalyptus urophylla*）	桃金娘科	观形	全年	17～25	4.09	0.066 0	0.040 9	0.091 7	0.198 6
		大叶紫薇（*Lagerstroemia speciosa*）	千屈菜科	观花	夏	7～10	6.99	0.103 8	0.069 9	0.022 6	0.196 3
		香蕉（*Musa acuminata*）	芭蕉科	观果	全年	6～12	9.70	0.037 8	0.097 0	0.040 7	0.175 5
		美丽异木棉（*Ceiba speciosa*）	锦葵科	观花	秋、冬	15～25	3.15	0.066 0	0.031 5	0.058 8	0.156 3
		尖叶杜英（*Elaeocarpus rugosus*）	杜英科	观形	全年	15～25	1.39	0.103 8	0.013 9	0.025 6	0.143 3
		黄皮（*Clausena lansium*）	芸香科	观果	夏	4～6	1.89	0.113 2	0.018 9	0.002 0	0.134 1
		杧果（*Mangifera indica*）	漆树科	观果	夏	8～12	2.83	0.094 4	0.028 3	0.014 1	0.136 8